WASSER- UND SINKSTOFF-BEWEGUNGEN IN FLUSS- UND SEEHÄFEN

Untersuchungen aus dem
Flußbaulaboratorium der Technischen Hochschule
zu Karlsruhe

Von

Dr.-Ing. FRITZ ROHR
Regierungsbaumeister

Mit 34 Abbildungen und 8 Plänen

MÜNCHEN UND BERLIN 1934
VERLAG VON R. OLDENBOURG

Druck von R. Oldenbourg in München.

Einleitung.

Veranlassung zu dieser Arbeit gab die Beobachtung, daß an Fluß- und Seehäfen häufig Auflandungen auftreten, die Anlaß zu Störungen im Hafenverkehr geben.

Vorbedingung zur Erklärung dieser Erscheinungen ist eine genaue Kenntnis der Strömungsverhältnisse in diesen Häfen.

Im Zusammenhang mit Modellversuchen, die für die Hafenanlagen von Rotterdam (Vulcaanhafen Vlaardingen) und von Constitucion (Chile) zur Klärung der Strömungs- und Verlandungserscheinungen im Flußbaulaboratorium der Technischen Hochschule Karlsruhe in früherer Zeit ausgeführt worden sind, werden in dieser Arbeit auf Grund von Modellversuchen an einem schematischen Modell die allgemeinen Grundlagen der Wasserbewegung, der Geschiebe- und Sinkstoffbewegungen sowie deren Ablagerungen in Hafenanlagen behandelt. Es konnte hierbei das Problem der Wasserwalzen mit lotrechter Drehachse weiter untersucht und geklärt werden.

Meinen Lehrern, Herrn Geh. Oberbaurat Prof. Dr.-Ing. Th. Rehbock, Herrn Prof. Dr.-Ing. Böß und Herrn Dr.-Ing. Schleiermacher bin ich zu besonderem Dank verpflichtet für die liebenswürdige Unterstützung, die sie mir bei der Durchführung der Versuche und der Ausarbeitung gewährt haben.

Karlsruhe, den 1. Juni 1933.

Fritz Rohr.

Inhaltsverzeichnis.

Anhang.

Literaturangabe.

Th. Rehbock: Betrachtungen über Abfluß, Stau und Walzenbildung bei fließenden Gewässern. Julius Springer, Berlin, und Rascher & Co., Zürich 1917.

Th. Rehbock: „Die Wasserwalzen als Regler des Energiehaushaltes der Wasserläufe. Verlag J. Waltmann IR., Delft 1925.

Th. Rehbock: „Wasserbauliche Modellversuche zur Klärung der Abflußerscheinungen beim Abschluß der Zuidersee" 1931.

H. Helmholtz: „Zwei hydrodynamische Abhandlungen", Ostwalds Klassiker der exakten Wissenschaften, Nr. 79.

E. Gg. Schmucker: „Beitrag zur Erfassung der Verlandungseinflüsse in Häfen des Ästusriums, abgeleitet aus Versuchen im Karlsruher Flußbaulaboratorium und Untersuchungen am Nieuwen Waterweg von Rotterdam nach See." Münchner Handelsdruckerei, München 1926.

I. Die Wasserbewegung und Strömung in Häfen.

1. Beschreibung der Modellanlage.

a) Modellabmessungen und Modellgeschwindigkeiten.

Die Modellversuche wurden an einer 2,50 m breiten und 8,0 m langen Versuchsrinne aus Beton durchgeführt, Abb. 1 und Plan 1 (Anlage). Als Strömungs- bzw. Flußbreite wurde ein Streifen von 1,0 m Breite der Rinne benutzt, wobei für den rechtwinklig zur Flußachse liegenden schematischen Hafen noch eine Hafenlänge von 1,40 m erreicht werden konnte. Oberhalb des Hafens von der flußaufwärts gelegenen Hafenkante bis zum Einlauf betrug die freie Strömungsstrecke 3,5 m, unterhalb des Hafens von der flußabwärts gelegenen Hafenkante bis zum Ablauf

Abb. 1. Modellrinne mit schematischem Hafenmodell.

noch 1,9 m, so daß in unmittelbarer Nähe des Hafens nur eine flußabwärts gerichtete Parallelströmung mit etwa gleichmäßig über die ganze Flußbreite verteilten Geschwindigkeiten vorhanden war. In dem zur Verfügung stehenden Spielraum für die Länge des Hafens von 0 bis 140 cm Länge konnten ausreichende Beobachtungen über die Veränderungen der Wasserbewegung sowie über die Geschiebe und Sinkstoffablagerungen angestellt werden, um daraus ohne weiteres sichere Rückschlüsse auf die Vorgänge bei noch größeren Hafenlängen ziehen zu können. Für sämtliche Modellversuche wurde die gleiche Hafenbreite von 65 cm beibehalten. Dieses Maß erwies sich in bezug zur Ausdehnung der gesamten Versuchseinrichtung als zweckmäßig.

Da der bei den Versuchen verwendete Braunkohlengrus erst bei einer Abflußmenge im Fluß von 10 l/s aufwärts in Bewegung kam, mußte für die Geschiebeversuche eine Modellabflußmenge von $Q = 10$ l/s gewählt werden. Die Modellversuche, die sich nur auf die Klärung der Wasserbewegung im Hafen und auf die Ablagerung von Holzschliff als Sinkstoff beziehen, wurden dagegen mit einer Abflußmenge von 6 l/s und 10 l/s durchgeführt. Die Modellgeschwindigkeiten beim Abfluß von 10 l/s erreichten im Fluß 20 bis 30 cm/s; im Hafen dagegen waren die Geschwindigkeiten ganz erheblich kleiner. Auf Grund einiger Vorversuche wurde eine Wassertiefe von 5 cm für sämtliche Modellversuche festgelegt.

Dementsprechend wurden die Modellbegrenzungen aus 8 cm hohen und 6 cm breiten Forlenholzbalken ausgebildet, soweit nicht die natürliche Rinnenwand als Begrenzung benutzt werden konnte. Die gewünschte Hafenlänge konnte leicht durch Versetzen eines Holzbalkens von der Länge der Hafenbreite hergestellt werden.

b) Modellmaßstab.

Da die gewählte Modellanordnung nur schematisch den einfachen Fall eines rechtwinklig zur Flußachse (Strömungsrichtung) liegenden Hafens darstellt und nicht irgendeiner in der Wirklichkeit vorkommenden Hafenanlage nachgebildet ist, kann natürlich dieses Modell in beliebiger Größe nach dem hydrodynamischen Ähnlichkeitsgesetz auf die Wirklichkeit übertragen gedacht werden. Um einen Anhalt zur Übertragung der Modellgröße auf die Wirklichkeit zu erhalten, kann nach den Beobachtungen bei bisher im Flußbaulaboratorium ausgeführten Versuchen für dieses Modell zweckmäßig ein Maßstab von 1:200 als obere und von 1:50 als untere Grenze angenommen werden. Rechnet man hiernach die Modellgrößen um, so ergeben sich zum Vergleich die in der folgenden Zusammenstellung enthaltenen Werte:

Zahlentafel 1.

Modellmaßstab	Modell			Wirklichkeit		
	Hafenbreite cm	Hafenlänge cm	Wassertiefe cm	Hafenbreite m	Hafenlänge m	Wassertiefe m
1:50	65	140	5,0	32,5	70,0	2,5
1:100	65	140	5,0	65,0	140,0	5,0
1:200	65	140	5,0	130,0	280,0	10,0

Sämtliche übrigen geometrischen und hydraulischen Werte gehen aus der Umrechnung der Beobachtungsergebnisse am Modell auf die natürlichen Verhältnisse nach dem Froudeschen Ähnlichkeitsgesetz hervor[1]). Der Einfachheit halber werden im folgenden nur die am Modell gemessenen Größen angegeben. Soweit das Gesetz der Ähnlichkeit auf die Versuchsergebnisse ohne weiteres nicht angewendet werden kann, wird besonders darauf hingewiesen.

2. Theoretische Grundlagen der Wasserbewegung im Hafen.

a) Die Potentialströmung.

Die theoretischen Grundlagen der in den folgenden Abschnitten näher zu beschreibenden Wasserbewegung im Hafen bilden die Grundgesetze der Hydrodynamik, deren Gleichungen hier als bekannt vorausgesetzt werden. Zunächst das Bernoullische Gesetz, das besagt, daß für einen Stromfaden die Summe aus dem statischen und dem dynamischen Druck überall konstant ist; weiter die Kontinuitätsgleichung für ein unzusammendrückbares Medium (Wasser), wonach für die Raumeinheit und die Zeiteinheit aus irgendeinem in der Flüssigkeit abgegrenzten Volumenelement an der betreffenden Stelle nur soviel ausströmt als auch einströmt.

Um aber die Ursache für die Entstehung der eigenartigen Wasserbewegung im Hafen erkennen zu können, ist die Kenntnis noch weiterer Gesetzmäßigkeiten über die Bewegung einer strömenden Flüssigkeit unter gewissen Bedingungen erforderlich. Zunächst ist zu untersuchen, ob die zu betrachtende strömende Wasserbewegung in ihrer Gesamtheit noch als Potentialströmung anzusehen

[1]) Rehbock: „Wasserbauliche Modellversuche zur Klärung der Abflußerscheinungen beim Abschluß der Zuiderzee".

ist. Die Potentialströmung verlangt auf Grund der dafür aufgestellten mathematischen Bedingungen, daß ein Geschwindigkeitspotential für die Strömung existiert. Das Vorhandensein eines Geschwindigkeitspotentials schließt aber die Existenz von Rotationsbewegungen der einzelnen Wasserteilchen aus; d. h. eine Potentialströmung muß stets wirbelfrei sein.

Die Voraussetzungen für eine Potentialströmung bedingen allerdings eine ideale, reibungslose und unzusammendrückbare Flüssigkeit. Sie treffen für Wasser, das eine reibende und nahezu unzusammendrückbare Flüssigkeit ist, nicht vollständig zu. Das Wasser darf aber für manche Aufgaben des Bauingenieurs als vollkommene Flüssigkeit angesehen werden, zwischen deren einzelnen Teilchen keinerlei Kräfte wirken, die sich ihrer Trennung durch Zerreißen oder Abscheren entgegensetzen.

Man ist daher gezwungen, durch Beobachtung festzustellen, unter welchem Einfluß Wirbelbildung hervorgerufen wird. Von dem Grad der Genauigkeit der Beobachtung wird es dann abhängen, ob für bestimmte Teile der Flüssigkeitsbewegung noch mit hinreichender Genauigkeit die für eine ideale Flüssigkeit geltenden Gesetze der Potentialströmung angewendet werden können. In unserem Falle kann für die gesamte zu betrachtende, strömende Bewegung im Hafen ein Geschwindigkeitspotential nicht mehr angegeben werden; denn dies trifft nur für die einfach fortströmenden Wasserbewegungen zu.

b) Die Wirbelbewegung.

α) *Die Helmholtzsche Theorie über die Entstehung einer Trennungsfläche.*

Die Ursache der Wirbelbewegung in strömender Flüssigkeit besteht in der Reibung der Flüssigkeitsteilchen aneinander und an festen Körpern für unvollkommene Flüssigkeiten, die nicht reibungsfrei sind. In unserem Falle sind diese Verhältnisse von zwei einander berührender und aneinander vorbeigleitender Schichten eines Mediums für die Grenzschicht zwischen der am Hafen vorbeiziehenden Parallelströmung und der im Hafen in Ruhe gedachten Wassermenge gegeben. Diese Grenzschicht nennt man die Trennungsfläche. Bei einer idealen, nicht reibenden Flüssigkeit kann man sich eine vollkommene Trennung zwischen den beiden Schichten des Mediums vorstellen; sie gleiten aneinander vorüber.

Helmholtz[1]) gibt hierzu an: „Eine solche Trennungsfläche kann mathematisch gerade so behandelt werden, als wäre sie eine Wirbelfläche; d. h. als wäre sie mit Wirbelfäden von unendlich geringer Masse, aber endlichem Drehungsmoment kontinuierlich belegt.“ Er sagt weiter: „In einer wirklichen, der Reibung unterworfenen Flüssigkeit wird jene Fiktion schnell eine Wirklichkeit, indem durch die Reibung die Grenzteilchen in Rotation versetzt werden und somit dort Wirbelfäden von endlicher, allmählich wachsender Masse entstehen, während die Diskontinuität der Bewegung dadurch gleichzeitig ausgeglichen wird.“

Die Trennungsfläche bildet die Grenze zwischen einer gesunden Strömung (Hauptströmung) und einer mit Wirbeln durchsetzten Totwasserströmung oder einer Wasserwalze. Die Wasserwalzen sind nicht immer von Wirbeln durchsetzt. Es empfiehlt sich daher eine Unterscheidung zwischen „Wasserwalzen“ und Totwasserwasserströmungen zu machen.

Als Ursache, die eine Diskontinuität in der Flüssigkeitsbewegung hervorruft, führt Helmholtz das Wirken innerer und äußerer Kräfte an. Hier interessiert die Ursache im Inneren der Flüssigkeiten, die Diskontinuität der Bewegung erzeugen kann. Helmholtz sagt:

> „Diese steht in engem Zusammenhang mit dem Druck in einer bewegten, unzusammendrückbaren Flüssigkeit und der lebendigen Kraft der bewegten Wasserteilchen. Da die Verminderung des Druckes unter gleichen Umständen der lebendigen Kraft der bewegten Wasserteilchen direkt proportional ist, wird bei der Überschreitung eines gewissen Maßes der Größe der lebendigen Kraft der Druck negativ werden und die Flüssigkeit zerreißen. Die Geschwindigkeit, welche eine Zerreißung der Flüssigkeit herbeiführen muß, ist diejenige, welche die Flüssigkeit annehmen würde, wenn sie unter dem Drucke, den die Flüs-

sigkeit am gleichen Orte im ruhenden Zustand haben würde, in den leeren Raum ausflösse. Dies ist allerdings eine bedeutende Geschwindigkeit; aber es ist wohl zu bemerken, daß, wenn die tropfbaren Flüssigkeiten kontinuierlich wie Elektrizität fließen sollten, die Geschwindigkeit an jeder scharfen Kante, um welche der Strom herumbiegt, unendlich groß werden müßte.

„Daraus folgt, daß jede geometrisch vollkommen scharf gebildete Kante, an welcher Flüssigkeit vorbeifließt, selbst bei der mäßigsten Geschwindigkeit der übrigen Flüssigkeit, dieselbe zerreißen und eine Trennungsfläche herstellen muß."

„An vollkommen ausgebildeten, abgerundeten Kanten dagegen wird dasselbe erst bei gewissen größeren Geschwindigkeiten stattfinden. Spitzige Hervorragungen an der Wand eines Strömungskanals werden ähnlich wirken müssen[1])."

β) *Allgemeine Beobachtungen über die Entstehung einer Wasserwalze*[2]).

Diese aus einer rein mathematischen Vorstellung gefolgerte Darstellung dieser Zusammenhänge entspricht auch wirklich den beobachteten Tatsachen. In unserem Falle bildet die strömungsaufwärtsliegende Schnittlinie zwischen den zueinander rechtwinklig liegenden Hafenufer und Flußufer eine derartige scharf gebildete Ablösungskante, an der auch deutlich die Ablösung der Trennungslinie und die Entstehung der Wirbel wahrnehmbar sind.

Anders verhält es sich dagegen mit der strömungsabwärts liegenden Schnittkante der beiden Uferflächen. Diese Kante verursacht nicht eine Trennungsfläche mit Wirbelbildung, sondern hier vollzieht sich eine Aufspaltung des vorbeifließenden Flüssigkeitsstromes, von dem ein Teil in den Hafen abgelenkt wird, der andere Teil dagegen normal längs der hafenabwärts liegenden Uferkante weiterfließt. Beide Wasserbewegungen vollziehen sich rein fortströmend, ohne daß Wirbelbildung zu beobachten ist. Es handelt sich hierbei um eine Umströmung eines festen Körpers, der Uferkante, die eine Wiedervereinigung der beiden getrennten Wasserströme nicht gestattet. Die in den Hafen abgelenkte Strömung umfließt zunächst das im Hafen befindliche Wasser und setzt es allmählich in rotierende Bewegung. Dadurch entsteht eine Wasserwalze im Rehbockschen Sinne und zwar eine Wasserwalze mit lotrechter Drehungsachse.

Die durch die Ablösungskante entstandenen und sich allmählich addierenden Wirbel erhalten an ihrem Umfang den gleichen Drehungssinn wie die bereits entstandene Wasserwalze, während die ins Innere der Walze eindringenden Teilwirbel ihre Geschwindigkeit gegenseitig aufzehren und bald verschwinden. Diese Entstehungsvorgänge kann man bei den meisten, derartig sich bildenden Wasserwalzen beobachten.

Es kann daher ganz allgemein gesagt werden, daß Wasserwalzen mit lotrechten Drehachsen in den meisten Fällen durch plötzliche Querschnittsänderungen des Durchflußquerschnittes und zwar durch plötzliche Änderungen in der Richtung der seitlichen Begrenzungen der Ufer entstehen.

---

1) Helmholtz: „Zwei hydrodynamische Abhandlungen." Ostwalds Klassiker Nr. 79.

2) Der Name „Wasserwalze" wurde von Rehbock eingeführt, der eine Unterscheidung in die unmittelbar vom Hauptstrom angetriebenen Hauptwalzen und in von anderen Wasserwalzen angetriebenen Nebenwalzen vornahm und die Walzen nach ihrer Lage zum Hauptstrom in Deckwalzen und Grundwalzen (beide mit waagrechten Achsen), sowie in Seitenwalzen, Uferwalzen, Pfeilerwalzen und Hafenwalzen (mit lotrechten Achsen) unterteilte.

Th. Rehbock: „Festschrift der Technischen Hochschule Karlsruhe zum 52. Geburtstag des Großherzogs Friedrich II." vom Mai 1909: „Neueinrichtungen des Karlsruher Flußbaulaboratoriums." Zft. f. Bauwesen 1910; „Feste Wehre" im Wasserbau des Handbuchs der Ingenieurwissenschaften, dritter Teil, 2. Band 1912, und „Abfluß, Stau- und Walzenbildung bei fließenden Gewässern", Berlin und Zürich 1917.

3. Untersuchungen der Wasserbewegung im Hafen ohne Einbauten.

a) Die Wasserbewegung der Hafenwalze erster Ordnung.

Im vorausgegangenen Abschnitt wurde bereits im Zusammenhang mit den theoretischen Grundlagen über die Entstehung der Wirbelbewegung und die Stromspaltungen auf die Ursache der Wasserbewegung in Hafenbecken, hervorgerufen durch eine rechtwinklig zur Hafenlängsachse gerichtete, am Hafenmund vorbeifließende Parallelströmung hingewiesen. Eine derartige Wasserströmung, Wasserwalze genannt, kann demgemäß entweder nur durch sich allmählich ausbreitende Ablösungswirbel oder nur durch Ablenkung und Einströmung von Wasserteilchen, die auf vortretende Strombegrenzungen auftreffen oder aber durch diese beiden Ursachen zusammen entstehen. Diese Ursachen veranlassen die Entstehung einer Wasserwalze oder eines Systems von mehreren, zusammenhängenden Wasserwalzen. Die Wirkung dieser Ursachen zeigt sich dann in Drehbewegungen, die gewöhnlich den Raum vollständig ausfüllen, den die den geänderten Querschnittsverhältnissen sich anzupassen suchende Parallelströmung noch nicht erfassen kann. Bei den weiterhin beschriebenen, ausgeführten vorliegenden Versuchen konnte nur eine leichte Einbiegung der Strömung in die durch die Ablösungskante hervorgerufene Wirbelstraße festgestellt werden. Die Wirbelstraße selbst bildet ein natürliches Hindernis für die Ausbreitung der Parallelströmung nach dem Hafeninneren zu. Erst am Ende der schnell verflatternden Wirbelstraße und kurz vor der Stelle, wo die Verbreiterung des Querschnitts um die Hafenlänge wieder aufhört und die ursprüngliche Querschnittsbreite des Hauptstromes wiederhergestellt ist, findet eine starke plötzliche Ablenkung und eine Einströmung der auf die Uferkante auftreffenden Wasserteilchen statt.

Die so hervorgerufene Wasserströmung umfließt bei ihrer Entstehung eine noch in Ruhe gedachte Wassermasse im Hafen, indem sie ungefähr in der durch die Hafenufer gegebenen Richtung weiterströmt. Sie setzt hierbei die umströmte Wassermasse in ihrem Richtungssinn in eine drehende Bewegung. Bei mäßiger Breite und Länge des Hafens wird gewöhnlich nahezu der ganze Hafenraum von einer einzigen zusammenhängenden, drehenden Strömung, der Hafenwalze, erfüllt, wenn man von kleinen Nebenwalzen in den Ecken des Hafenbeckens absieht.

. Das Ziel der Modellversuche war in der Hauptsache darauf gerichtet, möglichst Klarheit über Richtung, Größe und Verteilung der Geschwindigkeiten und über die Menge und die Stelle der abgelagerten Geschiebe- und Sinkstoffe in der Wasserwalze zu erhalten.

Zu diesem Zweck wurden mehrere Versuchsreihen mit Beobachtungen während und nach den einzelnen Versuchen an Modellen mit verschiedenen Hafenlängen durchgeführt. Die Hafenlängen wurden mit 20 cm beginnend schrittweise um je 20 cm bis auf 140 cm vergrößert. Die Aufnahmen der Oberflächenströmungen und der Oberflächengeschwindigkeiten wurden für zwei Abflußmengen von 10 l/s und 6 l/s durchgeführt, so daß es möglich wurde, den Einfluß der Abflußmengen auf die Wasserbewegungen im Hafen bei veränderlichen Hafenlängen festzustellen.

α) Die Drehbewegung an der Oberfläche der Hafenwalze.

Versuchsreihe I.

Versuchsreihe I bestand in 14 photographischen Aufnahmen, die zur Erfassung der Drehbewegung an der Oberfläche des Wassers mit Hilfe zahlreicher auf das Wasser aufgestreuten Schwimmer aus Papierschnitzeln als Zeitaufnahme hergestellt wurden. Diese Aufnahmen verteilen sich in zwei Gruppen zu je sieben Aufnahmen für den Abfluß einerseits von 10 l/s und andererseits von 6 l/s. Von diesen Aufnahmen kann nur eine Auswahl (Bildreihe Abb. 2a und 2b) in diesem Bericht wiedergegeben werden. Sämtliche auf den Abbildungen dargestellten Hauptwalzen drehen sich gemäß ihrer Entstehungsursache und ihrer Lage am rechten Ufer des Hauptstromes im Uhrzeigersinn, sie sind Rechtswalzen, während die Nebenwalzen, die von der Hauptwalze gespeist und angetrieben werden, soweit solche vorhanden sind, entgegengesetzten Drehungssinn aufweisen und daher Linkswalzen sind.

Es wurde beobachtet, daß für eine bestimmte Abflußmenge die in sich geschlossene Drehbewegung im Hafen bei zunehmender Hafenlänge sich nicht dauernd verlängert, sondern daß ihrer Ausdehnung bestimmte, anscheinend mit der Größe ihrer Drehgeschwindigkeit zusammenhängende Grenzen gesetzt sind. An der Berührungs- und Übergangsstrecke werden durch die Wasserteilchen der Hauptwalzen kleinere Nebenwalzen mit erheblich geringeren Drehgeschwindigkeiten gebildet.

Aus den Aufnahmen der Versuchsreihe I (Abb. 2a bis 2b) geht hervor, daß die Wasserwalzen sich deutlich durch zwei in ihren Bewegungsbahnen verschiedene Teile unterscheiden.

Die Wasserbewegung an der Oberfläche im Hafen.

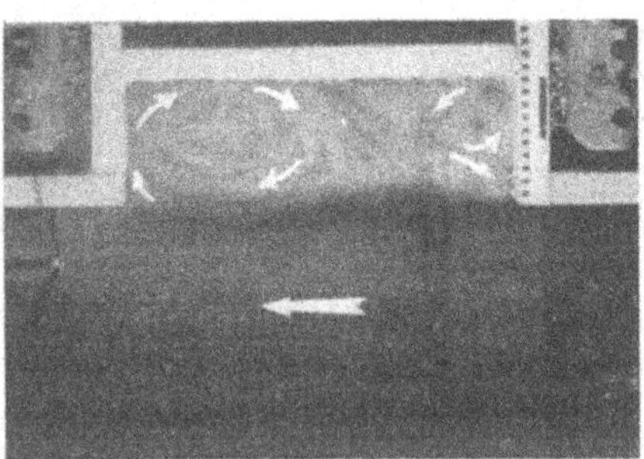

Abb. 2a. Abfluß $Q = 10$ l/s. Hafenlänge = 20 cm.

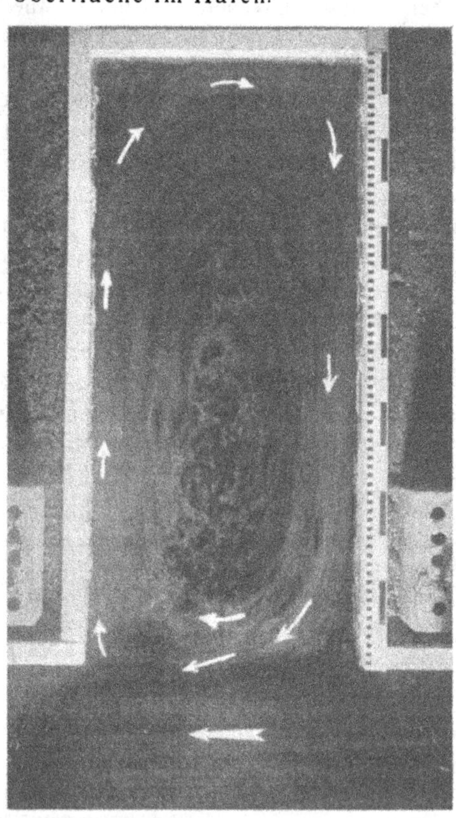

Abb. 2b. Abfluß $Q = 10$ l/s. Hafenlänge = 140 cm.

Man bemerkt einen ringförmigen Gürtel mit annähernd parallel erscheinenden Bewegungsbahnen und einen Kern mit ziemlich ungeordneten Bewegungsbahnen. Die auf die Wasseroberfläche aufgebrachten Papierschnitzel zeigen alle die Tendenz, von der Mitte der Wasserwalze aus allmählich immer größere Ringbahnen zu beschreiben und sich dabei nach den Außenseiten der Walzen hin zu verschieben. Sobald sie bei dieser Bewegung in den Umrandungsgürtel der Wasserwalze gelangt sind, verlassen sie zwischen den Ablösungswirbeln und der Einströmung den Hafen wieder und werden von der Hauptströmung im Fluß fortgeführt.

β) Geschwindigkeitsverteilung an der Walzenoberfläche.

Versuchsreihe II.

Versuchsreihe II besteht ebenfalls aus 14 Aufnahmen, von denen 7 auf den Abfluß von 10 l/s, die übrigen 7 auf den Abfluß von 6 l/s entfallen. Auch von diesen Aufnahmen ist in der Abb. 3 nur eine wiedergegeben. Der Zweck dieser Versuchsreihe war, die Größe und Richtung der Oberflächengeschwindigkeiten im Hafen festzulegen. Kleine Paraffinkerzen wurden angezündet, an einer gewünschten Stelle brennend auf die Wasseroberfläche aufgesetzt und sich dann selbst überlassen. Durch eine in Sekundenintervallen intermittierend erfolgende Belichtung wurden nach dem im Karlsruher Flußbaulaboratorium erstmals angewandten Verfahren die in den Abbildungen sichtbaren Zeitweglinien aufgenommen, bei welchen sowohl ein Strich als auch eine Lücke der gestrichelten Linie den in einer Sekunde von dem Kerzenschwimmer zurückgelegten Weg darstellt.

Die Schwimmer wurden namentlich an zwei bemerkenswerten Stellen eingebracht, einmal im Kern der Walze, wo die Geschwindigkeiten sehr klein sind, und das anderemal am Hafeneingang, in der vorbeiziehenden Hauptströmung, so nahe der Wirbelstraße, daß die Schwimmer noch von der Einströmung in den Hafen erfaßt in diesen hineingelangten. Im ersten Falle setzte sich der Schwimmer nur langsam in Bewegung, beschrieb zuerst Kurven im Innern der Walze, die sich allmählich unter Zunahme der Geschwindigkeit erweiterten, um am Umfang der Walze angelangt, gewöhnlich schon beim erstmaligen Vorbeischwimmen am Hafenmund durch die Wirbelstraße hindurch in die Außenströmung zu gelangen und den Hafen zu verlassen. Dabei kam es allerdings auch vor, daß einzelne Schwimmer wieder in den Hafen durch die Einströmung hineingetrieben wurden, um dann aber meist nach abermaligem Durchlaufen einer äußeren Bewegungsbahn der Walze den Hafen endgültig zu verlassen.

Im zweiten Fall hatte der Schwimmer am Anfang seine größte Geschwindigkeit, die sich nach dem Eintritt in den Hafen rasch ermäßigte. Ein solcher Schwimmer gelangte gewöhnlich nur in die äußeren Bewegungsbahnen der Walze, nach deren Durchlaufen er wieder von der Hauptströmung fortgetragen wurde. Bei sämtlichen Modellversuchen wurde festgestellt, daß die an den angegebenen Stellen eingebrachten Schwimmer in kurzer Zeit den Hafen verließen, da aus dem Hafen ausfließende Oberflächenströmungen sie erfaßten.

Die Geschwindigkeitsverteilung an der Wasseroberfläche im Hafen.

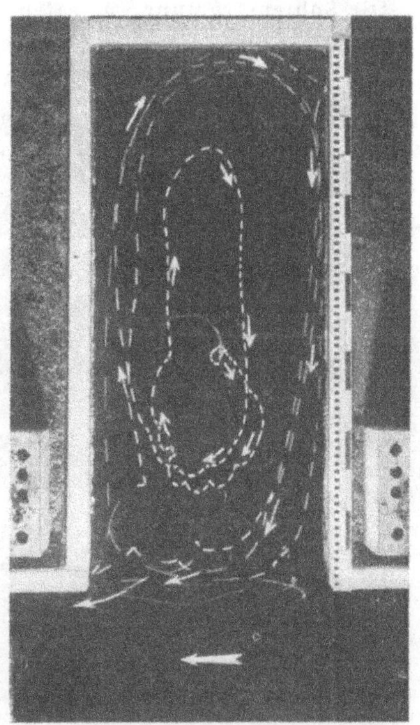

Abb. 3. Abfluß Q = 10 l/s. Hafenlänge = 130 cm. Anmerkung. In den Aufnahmen bedeutet ein Strich und eine Lücke je den in 1 Sekunde vom Schwimmer zurückgelegten Weg. Die Auswertung dieser Aufnahmen ist in Plan 2 eingetragen.

Die Abbildungen der Versuchsreihe II ergeben ein anschauliches Bild über die Geschwindigkeitsverteilung an der Oberfläche der Wasserwalze. In Plan 2 (Anlage) ist die Geschwindigkeitsverteilung in den einzelnen Bewegungsbahnen an der Oberfläche der Walze für verschiedene Hafenlängen zu erkennen. An einem Achsenkreuz, dessen Nullpunkt mit dem geometrischen Mittelpunkt des jeweiligen Hafens zusammenfällt, wurde an den Schnittpunkten des Achsenkreuzes mit den Schwimmerlinien die jeweilige Größe der Oberflächengeschwindigkeit aufgetragen. Der so entstandene Plan gibt ein anschauliches Bild über die Geschwindigkeitsverteilung in den beiden Hauptachsen des Hafens. Aus diesen Diagrammen geht hervor, daß die Geschwindigkeiten vom Mittelpunkt der Walzen aus gegen den Rand hin fast durchweg anwachsen. Die Zunahme der Geschwindigkeiten im äußersten Drittel der Entfernung vom Mittelpunkt der Walze zum Rande hin ist im allgemeinen erheblich größer als diejenige in den beiden inneren Dritteln dieser Entfernung, in denen die Geschwindigkeiten klein sind und nur langsam wachsen.

Die Beobachtung ergab ferner, daß im innersten Drittel der Walzenhalbmesser die Bewegungsbahnen der Schwimmer oft wirr durcheinander laufen, was durch die von der Sohle nach der Oberfläche aufsteigenden Wasserströmungen im Walzenkern verursacht wird.

γ) *Die Drehbewegung an der Sohle der Hafenwalze.*

Versuchsreihe III.

Zur Ermittlung der Sohlenströmung im Hafen wurde die Versuchsreihe III mit sieben Aufnahmen für je 10 l/s Abflußmenge durchgeführt. Ergänzt wurde diese Versuchsreihe durch eine Messung der Größe der Wassergeschwindigkeiten in der Nähe der Sohle für eine Hafenlänge von 1,00 m (Plan 3, Anlage). Mit Hilfe von Farbstoff gelang es, im Bild die Vorgänge der sich auf der Sohle vollziehenden Wasserbewegung gut festzuhalten. Der sich im Wasser allmählich auflösende Farbstoff gibt dauernd an das ihn umgebende Wasser Teilchen ab, die infolge ihrer tiefroten Färbung in den Aufnahmen deutlich hervortreten. Die Farbteilchen werden in der Bewegungsrichtung des sie umgebenden Wassers mitgenommen. Je ausgeprägter diese Bewegungsrichtung ist, desto schmaler und geschlossener hebt sich der Farbstoffstreifen ab. An Stellen, an denen eine bestimmte Bewegungsrichtung des Wassers nicht ausgeprägt vorherrscht, und wo die Geschwindigkeiten klein sind, verbreitert sich der Farbstoffstreifen, um im äußersten Falle sich strahlenförmig von der Entstehungsstelle aus nach allen Seiten hin auszudehnen.

Die Sohlenströmung im Hafen.

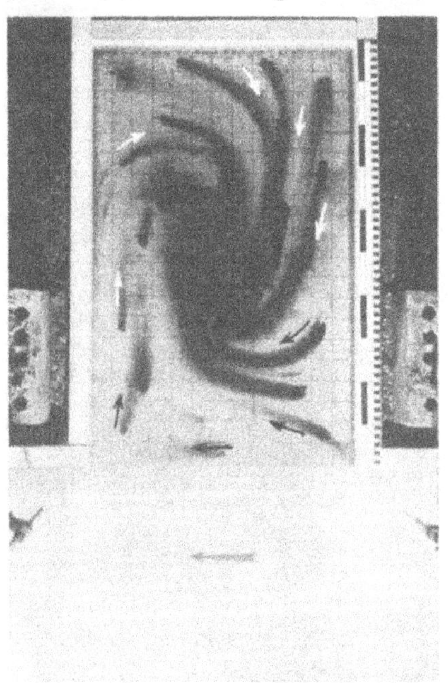

Abb. 4. Abfluß $Q = 10$ l/s. Hafenlänge $= 100$ cm.

Mit diesem Verfahren gelang es, die in auffallend starker Weise nach der Mitte zu gerichteten Sohlenströmungen klar darzustellen. Aus den Aufnahmen geht hervor, daß die Sohlenströmungen vom Rande der Walze aus unter Beschreibung kurzer, gekrümmter Bahnen sich zur Walzenmitte hinziehen.

Die Bewegungsbahnen verlaufen demgemäß auf der Sohle umgekehrt als an der Oberfläche. (Abb. 4.)

Wohl haben beide Bewegungsbahnen den gleichen Drehsinn. Aber an der Oberfläche wickeln sich die Bewegungsbahnen in Form von Spiralen nach außen hin auf, während an der Sohle ein Zusammenziehen der Bewegungen nach der Mitte zu in ziemlich regelmäßigen Formen ebenfalls nach Spirallinien erfolgt. Diese für die Bewegung der Wasserwalzen mit lotrechter Drehachse charakteristische Eigenschaft bildet z. T. die Ursache für die starke Verlandungserscheinung im Innern dieser Wasserwalzen. Sie besteht besonders darin, daß sich die Bewegungsbahnen an der Sohle unter erheblicher Geschwindigkeitsverminderung gegen die Mitte hin vollziehen. Als physikalische Ursache, die zu dieser spiralenförmigen Wasserbewegung an der Sohle einer Wasserwalze führt, muß die Reibung zwischen Wasser und fester Sohle angesehen werden. Hierdurch wird die Geschwindigkeit der Wasserteilchen in unmittelbarer Nähe der Sohle verlangsamt. Da die Wasserteilchen an der Sohle gegenüber der Oberfläche zurückbleiben müssen, entsteht vom Umfang der Wasserwalze her ein Überdruck vertikal zur Drehrichtung der Wasserwalze nach deren Mitte zu gerichtet. Die Wasserteilchen an der Sohle werden demgemäß vom Umfang der Wasserwalze nach deren Mitte zu in Form einer sich nach innen zusammenziehenden Spiralbewegung abgedrängt.

An der Oberfläche vollzieht sich die ausgleichende Gegenbewegung als umgekehrter Vorgang. Die Wasserteilchen steigen in der Mitte der Walze teilweise von der Sohle nach oben — Sprudel — und gelangen infolge der ihnen durch die Oberflächenströmung der Wasserwalze erteilten Zentrifugalkraft allmählich an den Umfang der Wasserwalze.

An einem Modell mit einer Hafenlänge von 1,0 m und bei einer Abflußmenge von 10 l/s wurde die Größe und Richtung der Geschwindigkeiten in dem Zwischenraum von 0 bis 1,0 cm

Höhe über der Sohle gemessen (Plan 3, Anlage). Die Geschwindigkeiten in der Nähe der Sohle bleiben an Größe etwas hinter den entsprechenden an der Oberfläche zurück, doch ist der Unterschied nicht erheblich. Die Verteilung der Geschwindigkeiten an der Sohle vollzieht sich ähnlich wie an der Oberfläche (vgl. Plan 2 und 3, Anlage). Die in Plan 3 aufgetragenen Aufnahmelinien zeigen ebenfalls die Bewegungstendenz nach der Mitte der Walze hin, wenn auch nicht so ausgesprochen, wie bei den Farbstoffaufnahmen unmittelbar über der Sohle.

b) Die Lage des Wasserspiegels in den Wasserwalzen.

Um über die Entstehung und die Zusammenhänge dieser Bewegungserscheinungen noch mehr Klarheit zu erhalten, ist die Kenntnis über das Verhalten des Wasserspiegels unter dem Einfluß dieser Bewegungen erforderlich.

Rehbock[1]) gibt hierzu folgendes an: „Bei diesen Versuchen ist es gelungen, durch Messung nachzuweisen, daß die Oberflächen der Wasserwalzen keine genaue waagrechte Lage besitzen, sondern daß dort, wo die größten Geschwindigkeiten auftreten, die tiefsten Wasserspiegellagen vorhanden sind. Bei den Wasserwalzen zweiter Ordnung, die nicht direkt vom Hauptstrom, sondern von den großen Hauptwalzen angetrieben werden, sind die Geschwindigkeiten wesentlich kleiner. Hier wurden Höhenlagen des Wasserspiegels festgestellt, die — auf die natürlichen Verhältnisse umgerechnet — bis um 0,2 m höher lagen als in den Hauptwalzen."

Diese Ergebnisse, denen sehr genaue Messungen zugrunde liegen, wurden bei der Wasserspiegelmessung der hier betrachteten Hafenwalzen erneut bestätigt gefunden. Es wurden Wasserspiegeldifferenzen von 0,3 bis 0,4 mm zwischen dem Wasserspiegel am Hafeneingang und in der Hafenmitte (Walzenmitte) beobachtet. Außerdem wurde festgestellt, daß bei einem Abfluß von 10 l/s, bei einer Wassertiefe von 5 cm sowohl bei einer Hafenlänge von 20 als auch bei einer solchen von 140 cm der Höhenunterschied des an den Spitzenmaßstäben Nr. 3 und 4 (Plan 1, Anlage) gemessenen Wasserspiegels 0,1 bis 0,2 mm beträgt. Die höheren Wasserspiegellagen wurden stets am stromaufwärts liegenden Spitzenmaßstab Nr. 4, die niederen Wasserspiegellagen bei der Einströmung in den Hafen am Spitzenmaßstab Nr. 3 gemessen.

4. Die Wirkung von Einbauten am Hafeneingang auf die Wasserbewegung im Hafen.

a) Die Wasserbewegung an der Oberfläche unter dem Einfluß der Einbauten.

Über den besonderen Zweck der Einbauten am Hafeneingang werden in den Abschnitten über „Geschiebe- und Sinkstoffablagerungen" noch nähere Ausführungen gemacht. Zunächst soll festgestellt werden, welchen Einfluß diese Einbauten auf die Wasserbewegung am Hafeneingang und im Hafeninnern ausüben. Der Unterschied zwischen den beiden Einbauanordnungen, die im folgenden mit **Anordnung I** und **Anordnung II** bezeichnet werden sollen, geht aus Plan 1 (Anlage) hervor. Der Unterschied besteht nur in der verschiedenen Höhe der Einbaustücke an der stromaufwärts gelegenen Hafeneingangsecke, während das stromabwärts gelegene Einbaustück für beide Anordnungen das gleiche ist.

Die folgende Zusammenstellung zeigt die maßstäblichen Unterschiede zwischen den beiden Anordnungen.

Zahlentafel 2.

Einbauten	Höhe des stromaufwärts gelegenen Einbaustückes		Länge eines Einbauteils	Höhe des stromabwärts gelegenen Einbaues	Wassertiefe bei den Versuchen
	Wurzel cm	Kopf cm	cm		cm
Anordnung I . .	5,5	2,5	10,0	5,5	5,0
Anordnung II . .	4,5	2,0	10,0	5,5	5,0

[1]) Rehbock: „Wasserbauliche Modellversuche zur Klärung der Abflußerscheinungen beim Abschluß der Zuiderzee," S. 42—43.

Versuchsreihe IV.

Zur Klärung der Wasserbewegung im Hafen unter der Einwirkung dieser Einbauten wurde eine Versuchsreihe IV mit je vier Modellversuchen und Aufnahmen zur Kenntlichmachung der Wasserbewegung an der Oberfläche, zur Ermittlung der Größe der Oberflächengeschwindigkeiten für Abflußmengen von 10 l/s und 6 l/s und zur Feststellung der Sohlenströmung bei einem Abfluß von 10 l/s durchgeführt.

Bei Betrachtung der Abb. 5 und 6, welche die Wasserwalzen an der Oberfläche für die beiden Arten von Einbauten darstellen, zeigt sich die Tatsache, daß unter der Einwirkung der Einbauten an Stelle der einzigen großen, den gesamten Hafenraum einnehmenden

Die Wasserbewegung an der Oberfläche im Hafen unter Einwirkung der Einbauten am Hafeneingang. Hafenlänge = 140 cm.

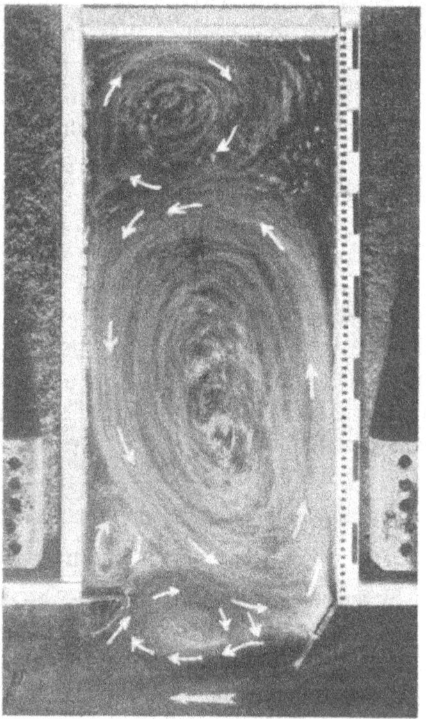

Abb. 5. Abfluß $Q = 10$ l/s. Anordnung I.

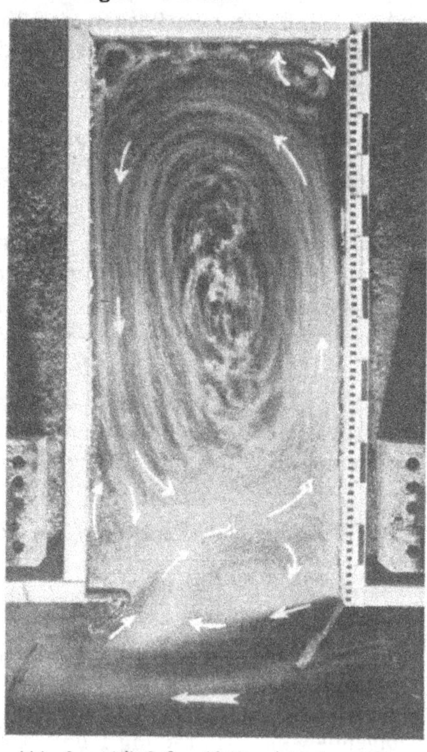

Abb. 6. Abfluß $Q = 10$ l/s. Anordnung II.

Wasserwalze die bei der Modellanordung ohne Einbauten beobachtet wurde, jetzt ein System von Wasserwalzen verschiedener Größe und unregelmäßiger Ausbildung auftritt.

Der äußere Grund für diese eingreifende Änderung der Wasserbewegung im Hafen liegt ohne Zweifel in der Ablenkung des den Hafeneingang berührenden Hauptwasserstromes durch die Einbauten. Wie aus den beiden Aufnahmen hervorgeht, bildet sich im Hafenmund eine Vorwalze, die eine Hauptwalze erster Ordnung ist. Von dieser Hauptwalze werden dann die übrigen Wasserwalzen, die „Nebenwalzen“, d. h. Walzen höherer Ordnung, sind, in Bewegung gesetzt.

In Abb. 5 füllt die Walze zweiter Ordnung (Nebenwalze erster Ordnung), die eine Linkswalze ist, etwa zwei Drittel des ganzen Hafens aus. Die von ihr angefachte Rechtswalze im hinteren Hafenwinkel ist eine Walze dritter Ordnung, die wiederum die noch schwach angedeutete Linkswalze (vierter Ordnung) in Bewegung setzt.

Eine weitere von der großen Walze zweiter Ordnung erzeugte Rechtswalze dritter Ordnung liegt hinter dem unteren Einbau beim Hafenmund.

Die Erscheinung, daß in einem rechts vom Strom liegenden Hafenbecken fast der ganze Hafen infolge der Bildung einer nur kleinen Hauptwalze im Hafenmund von einer Linkswalze ausgefüllt wird, und daß demnach die Strömungen in einem Hafenbecken durch eine Nebenwalze beherrscht werden, wurde auch schon früher im Karlsruher Laboratorium bei Versuchen für den Hafen von Ymuiden festgestellt und stimmt mit den Naturbeobachtungen überein[1]).

Bei der Anordnung I liegt die Vorwalze zwischen den Einbauten und nimmt daher einen Teil des Abflußquerschnittes der vorbeiziehenden Hauptströmung in Anspruch, während bei der Anordnung II die Vorwalze weiter zurückliegt. Der Grund für diese Verschiedenheit ist in der Höhe des stromaufwärts gelegenen Einbaues zu suchen. Im ersteren Falle liegt die Krone der Wurzel des Einbaues 5,5 cm über der Sohle und daher über dem Wasserspiegel, im zweiten Falle dagegen ist sie nur 4,5 cm hoch und unter dem Wasserspiegel gelegen. Es besteht daher bei der Anordnung II die Möglichkeit, daß die Strömung diese Einbauten bei der angegebenen Wasserspiegellage überflutet und daher dem Abfluß der Hauptströmung weniger Widerstand entgegensetzt als die Anordnung I. Sie ist daher für den ungehinderten Abfluß des Hauptstromes günstiger.

Das über das stromaufwärts liegende niedrigere Einbaustück fließende Wasser strömt bei Anordnung II zum großen Teil in der Nähe des stromabwärts liegenden Einbaustücks in den Hafen und ruft einen lebhaften Wasseraustausch zwischen dem Hauptstrom und dem Hafen hervor (Abb. 6). Es entsteht dabei eine stark ausgebildete Vorwalze mit einer großen anschließenden Nebenwalze, die den größten Teil des Hafenbeckens ausfüllt und nicht in größere Nebenwalzen dritter Ordnung zerfällt, wie es bei Anordnung I (Abb. 5) der Fall ist. In dieser Verschiedenheit des Wasseraustausches zwischen Hafen und Hauptströmung bei den beiden Anordnungen sind die Unterschiede ihrer Wirkungsweisen auf die Geschiebe- und Sinkstoffablagerungen im Hafen begründet.

Die Geschwindigkeitsverteilung an der Oberfläche im Hafen unter Einwirkung der Einbauten am Hafeneingang.

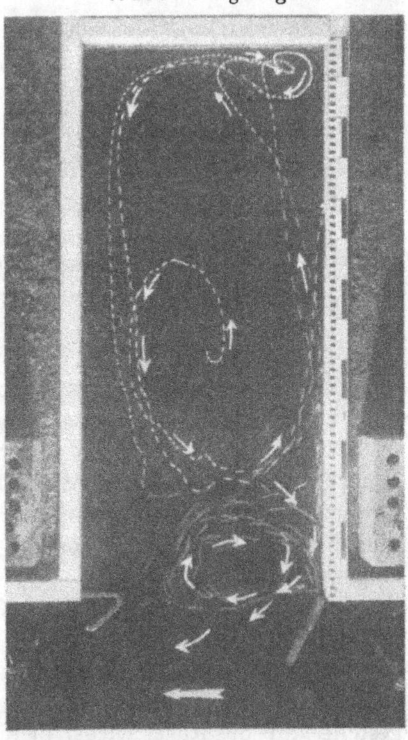

Abb. 7. Abfluß $Q = 10$ l/s. Hafenlänge = 140 cm. Anordnung II.

Anmerkung: In den Aufnahmen bedeutet ein Strich und eine Lücke je den in 1 Sekunde vom Schwimmer zurückgelegten Weg. Die Auswertung dieser Aufnahmen ist in Plan 4 eingetragen.

b) Die Größe der Geschwindigkeiten und ihre Verteilung im Hafen.

Die Schwimmerbahnen zur Ermittlung der Größe der Geschwindigkeiten an der Oberfläche zeigen die gleichen Eigenschaften wie bei dem Hafen ohne Einbauten mit einer einzigen vorhandenen Walze (s. Plan 4, Anlage). In der Mitte der Walzen wurden kleine Geschwindigkeiten, am Rande dagegen die größten Geschwindigkeiten beobachtet (Abb. 7). In der Mitte einer Walze aufgebrachte Schwimmer gelangen alsbald in die Ringströmung der äußeren Bewegungsbahnen und von hier aus häufig in die Bahnen einer Walze höherer Ordnung. Wenn auch nicht alle aufgebrachten Schwimmer nach absehbarer Zeit den Hafen zwischen den Einbauten verließen, so konnte doch bei den Schwimmern, die im Hafen blieben, festgestellt werden, daß sie entweder an den Umgrenzungswänden des Hafens oder an den Einbauten hängen blieben. Es wurde die am Hafen ohne Einbauten festgestellte Beobachtung bestätigt gefunden, daß

[1]) Th. Rehbock: „Das Flußbaulaboratorium der Techn. Hochschule Karlsruhe". In die Wasserbaulaboratorien Europas. VDI-Verlag Berlin 1926, S. 169.

Die Sohlenströmung im Hafen unter Einwirkung der Einbauten am Hafeneingang.

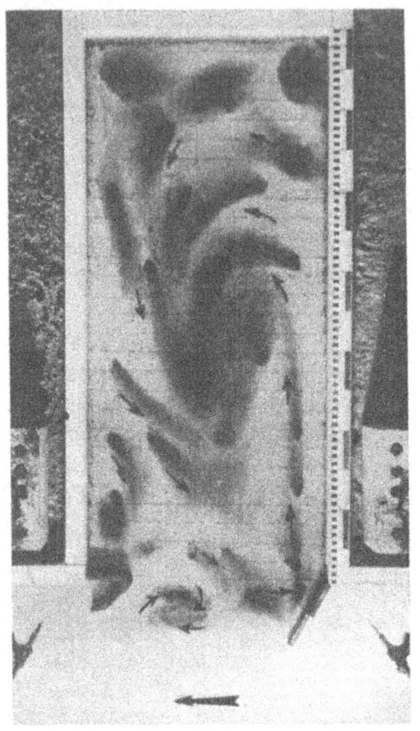

Abb. 8. Abfluß Q = 10 l/s. Hafenlänge = 140 cm. Anordnung I.

die in der Mitte einer Walze aufgebrachten Schwimmkörper das Bestreben zeigen, allmählich in die äußeren Bewegungsbahnen der Walze zu gelangen.

c) Die Wasserbewegung an der Sohle.

Die Aufnahmen zur Beobachtung der Sohlenströmung (Abb. 8) im Hafen unter Einwirkung der Einbauten zeigten, daß das Wasser mit der Zeit von der Walzenmitte aus sich stärker färbt. Am Umfang der Walze wurde dagegen keine merklich stärkere Farbstofftrübung des Wassers wahrgenommen, die Farbstoffteilchen trieben an der Sohle vom Rand der Walze nach der Mitte zu ab und gaben dem Kern der Walze eine dichtere Färbung. Von hier aus gelangte dann das aufsteigende, gefärbte Wasser durch die oberen Wasserschichten allmählich in die äußeren Bewegungsbahnen der Walze und von da wieder in den Hauptstrom. In den Walzen höherer Ordnung wurde eine raschere und intensivere Färbung der Walzenfläche beobachtet, da hier kleinere Geschwindigkeiten und ein geringerer Wasseraustausch vorhanden sind.

5. Bestimmung der Richtung der Sohlenströmungen mittels Bernsteinkugeln.

Um über die Richtung der Strömung an der Sohle im Hafen einen noch besseren Aufschluß zu erhalten, wurden Modellversuche mit Hilfe von Bernsteinkugeln durchgeführt. Kugeln aus Bernstein wurden deshalb verwendet, weil das spez. Gewicht von Bernstein nahezu demjenigen des Wassers gleich ist. Infolgedessen sind Bernsteinkugeln in besonderer Weise geeignet, die geringen Bewegungen des Wassers an der Sohle mitzumachen, ohne der Bewegung des Wassers einen allzu großen Widerstand entgegenzusetzen. Die Abmessungen der verwendeten Kugeln aus Bernstein betrugen: $d = 20{,}20$ mm; γ annähernd 1,000; Gewicht: 4,405 g.

a) Ohne Einbauten am Hafeneingang.

Die Versuche mit Bernsteinkugeln wurden auf die bisher betrachteten Modellanordnungen ohne und mit Einbauten ausgedehnt (Abb. 9 und 10). Am Hafenmodell ohne Einbauten wurde festgestellt, daß die oberhalb der stromaufwärts gelegenen Uferecke eingebrachte Bernsteinkugel zunächst der Wirbelstraße entlang läuft und bei größeren Hafenlängen erst kurz vor der stromabwärts liegenden Uferecke in das Hafeninnere abgelenkt wird. Es kommt häufig vor, daß die Kugel in der Wirbelstraße von der Einströmung in den Hafen abgehalten wird und am Hafeneingang vorbeiwandert.

Die in den Hafen gelangten Kugeln wandern mit der Einströmung dem Hafenufer entlang, um dann bei der Umbiegung der Wasserbewegungsbahnen ins Innere der Walze zu gelangen. An den Stellen kleinerer Geschwindigkeiten im Innern, die nicht mehr dazu ausreichen, die Kugel weiter zu bewegen, bleibt diese liegen. Nur bei geringer Hafenlänge bis zu 30 cm wurde festgestellt, daß die Kugel wieder in die äußeren Bewegungsbahnen gelangt und von da nach einer Versuchsdauer von etwa 5 bis 10 min mit der Ausströmung den Hafen verläßt.

b) Mit Einbauten am Hafeneingang.

Weitere Beachtung verdienen einige Versuche am Modell mit Einbauten. Gelangt eine Bernsteinkugel in die Vorwalze, so wird sie von den äußeren Bewegungsbahnen mitgenommen,

Wege von in die Hafenströmung eingebrachten Bernsteinkugeln.
Abfluß in der Rinne: $Q = 10$ l/s. Wassertiefe: $t = 5$ cm.

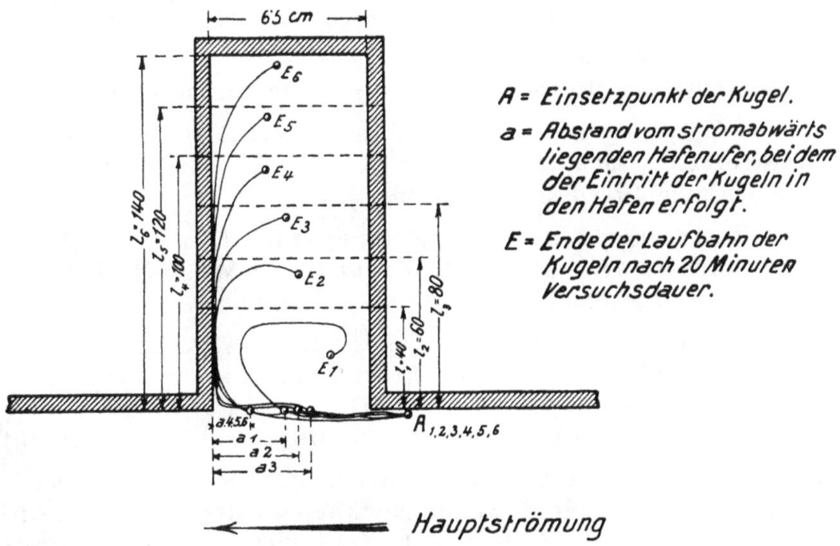

Abb. 9. Modellanordnung ohne Einbauten.

Wege von in die Hafenströmung eingebrachten Bernsteinkugeln.
Abfluß in der Rinne: $Q = 10$ l/s. Wassertiefe: $t = 5$ cm.

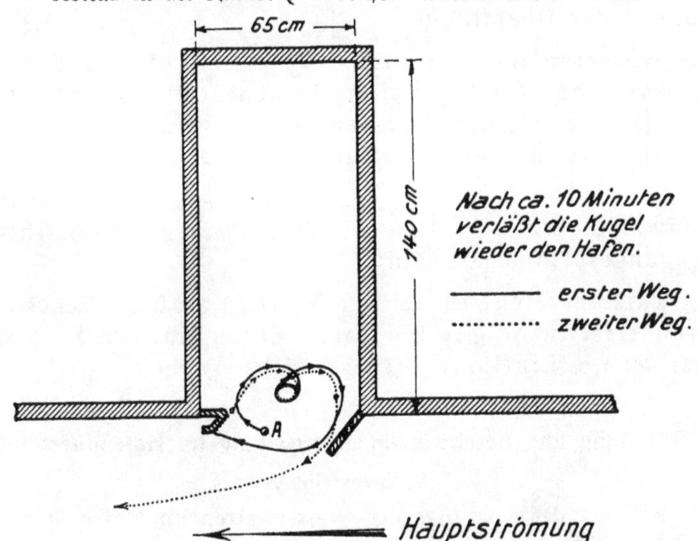

Abb. 10. Modell mit Einbauanordnung II.

kann auch die inneren Bewegungsbahnen dieser Walze berühren, wird aber, da dort immer noch genügend große Geschwindigkeiten vorhanden sind, dauernd in Bewegung erhalten und gelangt schließlich wieder mit der Ausströmung in den Hauptstrom. Bei diesen Versuchen gelang es nicht, ohne äußeren Eingriff zu bewirken, daß eine Kugel in den Hafen zwischen den Einbauten hindurch gelangt. Auf Abb. 10 ist der Weg eingetragen, den eine beim Punkt A eingebrachte Bernsteinkugel am Modell mit Einbau II etwa innerhalb 5 min beschrieben hat. Dieser Versuch wurde zweimal durchgeführt. Es konnte nicht beobachtet werden, daß eine an der Einströmung eingebrachte Bernsteinkugel durch die Hauptwalze in die Nebenwalze und ins Hafeninnere gelangte, aus dem sie infolge der kleinen Geschwindigkeiten nicht mehr herauskommen könnte. Die Beobachtungen haben demnach gezeigt, daß durch die Anordnung von Einbauten am Hafenmund Kugeln viel schwieriger ins Hafeninnere gelangen können als beim Fehlen der Einbauten.

6. Bemerkenswerte Eigenschaften der Wasserwalzen mit lotrechter Drehachse.

Die typischen Eigenschaften der Wasserwalzen mit lotrechter Drehachse, die sowohl auf die einfache Wasserbewegung als auch auf ein System von mehreren zusammenhängenden Walzen zutreffen, ergeben sich auf Grund der Beobachtung, wie folgt:

1. Die Hauptwalze entsteht durch Ablösungswirbel an einer Ablösungskante und durch Einströmen infolge Ablenkung von Wasserteilchen des Hauptstromes durch unstetige Querschnittsveränderungen.
2. Im Innern der Walze werden die kleinsten Geschwindigkeiten, am Rande die größten Geschwindigkeiten beobachtet. Diese Erscheinung gilt für die gesamte Wassertiefe, also sowohl für die Oberflächen- als auch für die Sohlengeschwindigkeiten und für die dazwischenliegenden Wasserschichten.
3. An der Oberfläche besteht die Tendenz, daß Schwimmkörper unter Beschreibung spiralförmiger Bewegungsbahnen in die äußeren Teile der Walze gelangen, auf der Sohle hingegen besteht das Bestreben, Sinkstoffe vom Rande in spiralenförmigen Linien nach der Mitte der Walze zuzuführen.
4. Farbstoffteilchen und daher auch suspendierte Bodenteilchen steigen in der Mitte der Walze von unten nach oben und gelangen von da aus in die Bewegungsbahnen der Oberfläche.
5. Der höchste Wasserspiegel befindet sich meistens etwa in der Mitte der Walze, wo die Geschwindigkeiten klein sind. An den Stellen größter Geschwindigkeit (Einströmung) werden die tiefsten Wasserspiegellagen beobachtet. Die Wasserspiegel in den Nebenwalzen liegen höher als diejenigen in den Hauptwalzen.
6. Jede Nebenwalze (Walze höherer Ordnung) zeigt einen ihrer Erzeugungswalze entgegengesetzten Drehsinn.
7. Eine Nebenwalze erreicht in keinem Punkte größere Geschwindigkeiten als die höchsten Geschwindigkeiten ihrer Erzeugungswalze, sofern Störungen durch anderweitige Einflüsse ausgeschaltet sind.

7. Strömung und Geschwindigkeitsverteilung im Hafenquerschnitt.

Versuchsreihe V.

Zur weiteren Klärung des Vorgangs der Wasserwalzen im Hafen wurde eine Versuchsreihe V zur Ermittlung der Geschwindigkeitsverteilung in besonders hierzu geeigneten Hafenquerschnitten durchgeführt (Abb. 11). Bei der Betrachtung der Linien gleicher Geschwindigkeiten läßt sich übereinstimmend mit früheren Beobachtungen (Plan 2, Anlage) feststellen, daß an den Querschnittsstellen, an welchen nur Einströmung in den Hafen stattfindet, die größten im Querschnitt beobachteten Geschwindigkeiten auftreten. Man unterscheidet ferner bei den Isotachenaufnahmen aller Querschnitte drei Querschnittszonen unter Berücksichtigung der Richtung der Geschwindigkeiten. Die Querschnitte zerfallen in eine Zone mit Geschwindigkeiten parallel zur Hafenlängsachse ins Hafeninnere gerichtet, in eine Zone mit Geschwindigkeiten ebenfalls parallel zur Hafenlängsachse aber aus dem Hafen heraus gerichtet und in eine zwischen diesen beiden liegende Zone, in der Geschwindigkeiten mit wechselnder Richtung ins Hafeninnere, aus dem Hafen heraus und senkrecht zur Hafenlängsachse beobachtet werden.

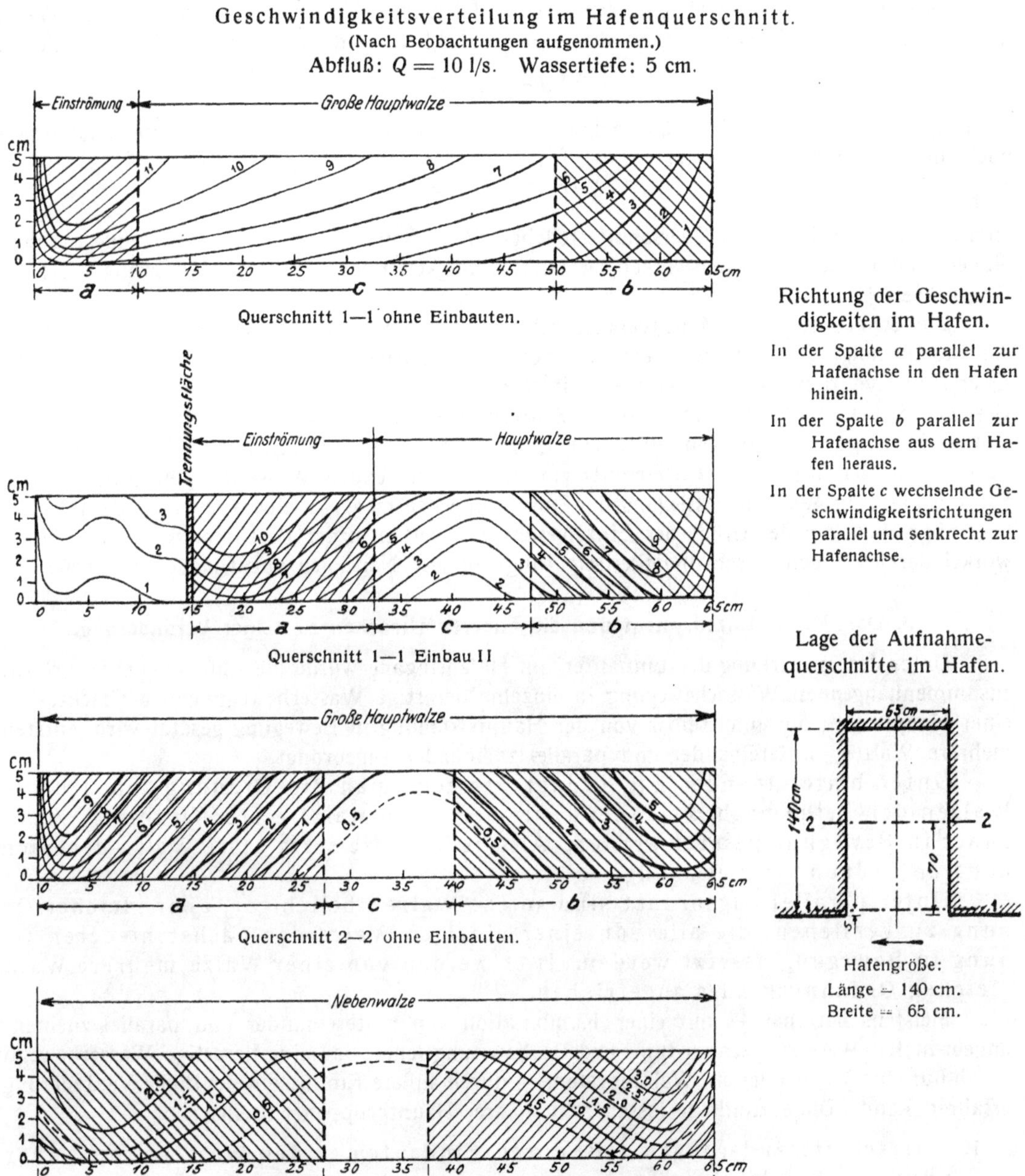

Abb. 11. Geschwindigkeitsverteilung im Hafenquerschnitt.

Da auf Grund der Kontinuitätsbedingung bei stationärem Abfluß in der Zeiteinheit in den nur mit der Hauptströmung in Verbindung stehenden Hafen nur soviel Wasser einströmt, als auch wieder ausströmt, so muß in jedem senkrecht zur Hafenlängsachse liegenden Hafenquerschnitt die über den ganzen Querschnitt ausgedehnte Summe aus den Produkten des Querschnitts eines Wasserteilchens und seiner parallel zur Hafenlängsachse gerichteten Geschwindigkeit gleich Null sein.

Es müssen also die im Hafenquerschnitt in der Zeiteinheit ein- und ausströmenden Wassermengen einander gleich sein. Mathematisch ausgedrückt würde diese Bedingung sich darstellen als:

$$\int dF \cdot v_r = 0,$$

wenn v_r die parallel zur Hafenlängsachse gerichtete Geschwindigkeitskomponente darstellt oder noch allgemeiner für $v_r = v \cdot \cos\alpha$

$$\int dF \cdot v \cdot \cos\alpha = 0.$$

Hierin bedeutet v die in den Querschnittsteilchen dF vorhandene mittlere, resultierende Geschwindigkeit und α den Ablenkungswinkel der Geschwindigkeitsrichtung von der Richtung der Hafenlängsachse.

Die Beobachtung am Modellversuch zeigt, daß in der mittleren Zone des Querschnitts, wo die Geschwindigkeitsrichtungen wechseln, sich der Ausgleich zwischen Ein- und Ausströmen im Querschnitt vollzieht. Diese Zone weist einen außerordentlich labilen Bewegungszustand auf, die Geschwindigkeitsrichtungen sind starken Schwankungen unterworfen und werden teilweise noch von Ablösungswirbeln beeinflußt. Die Querschnitte mehr im Innern des Hafens sind für die Feststellung der durch den Querschnitt ein- und ausfließenden Wassermengen geeigneter. Die Schwierigkeit zur genauen Festlegung der Durchflußwassermenge in einem Querschnitt des Hafens liegt abgesehen von der Größe der Einzelgeschwindigkeiten in der Bestimmung der Ablenkungswinkel der jeweiligen Geschwindigkeitsrichtung von der Normalen zur Querschnittsebene.

8. Das Wasserwalzensystem und die äußeren Ursachen zu seiner Veränderung.

Unter der Einwirkung der Einbauten am Hafeneingang wurde die Auflösung einer größeren, zusammenhängenden Wasserbewegung in einzelne derartige Wasserbewegungen beobachtet. Aus einer Hauptwalze, die unmittelbar von der Hauptströmung in Bewegung gesetzt wird, entstehen mehrere Walzen, hintereinander und parallel zueinander angeordnet.

Unter hintereinander angeordnet versteht man die Ordnung, nach der die Walzen der Reihe nach, beginnend mit der Hauptwalze erster Ordnung, voneinander in Bewegung gesetzt werden. Also jede Walze setzt eine Walze der nächst höheren Ordnung in Bewegung.

Unter parallel angeordnet sind solche Walzen beliebiger, aber gleicher Ordnung zu verstehen, die alle von einer einzigen Walze der nächst niederen Ordnung in Bewegung gesetzt werden. Hier werden von einer Walze mehrere Walzen gleichen Ordnungsgrades angetrieben.

Meistens hat man es mit einer Kombination von hintereinander und parallel zueinander angeordneten Wasserwalzen zu tun. Die Beobachtung lehrt, daß eine derartige Wasserbewegung — ob nur eine Walze oder ein Walzensystem — durch äußere Einflüsse wesentliche Veränderungen erfahren kann. Diese Einflüsse lassen sich in drei Hauptgruppen einteilen:

1. Querschnittsänderungen z. B. durch Einbauten in den Wasserstrom, Anordnung von Schiffen usw.
2. Strömungsänderungen durch Wind, Wellengang, Gezeiten, Änderung der Richtung der Hauptströmung u. dgl.
3. Abflußmengen- und Wasserspiegelhöhenänderungen bei an sich gleichbleibender Hauptströmungsrichtung.

Zu Fall 3 wurde an Versuchen und anderen Beobachtungen festgestellt, daß bei dem stark labilen Zustand der Wasserbewegung im Hafen nur geringe Änderungen in der Größe des Zuflusses und der Wassertiefe genügen, um das vorhandene Wasserbewegungsbild (Walzensystem) zu beeinflussen.

II. Die Bewegung und Ablagerung von Geschiebe und Sinkstoffen im Hafen. Untersuchung von Mitteln zu deren Verhinderung.

1. Geschiebebewegung und Ablagerung im Hafen ohne Einbauten am Hafeneingang.

a) Ergebnis der Siebanalyse für das Geschiebematerial.

Für die Modellversuche zur Beobachtung der Geschiebeablagerung im Hafen wurde als Geschiebematerial feiner Braunkohlengrus mit einem spez. Gewicht von $\gamma = 1{,}35$ verwendet. Die Siebanalyse ergab für 1000 g Braunkohlengrus:

0,0 bis 0,3 mm Dmr.	7,0 g =	0,7%	0,7%
0,3 „ 0,4 „ „	12,0 „ =	1,2%	1,9%
0,4 „ 0,6 „ „	21,0 „ =	2,1%	4,0%
0,6 „ 1,0 „ „	93,0 „ =	9,3%	13,3%
1,0 „ 2,0 „ „	544,0 „ =	54,4%	67,7%
2,0 „ 4,0 „ „	316,0 „ =	31,6%	99,3%
über 4,0 „ „	7,0 „ =	0,7%	100,0%
	1000 g =	100 %	

b) Mittlere Grenzgeschwindigkeit, bei der das Geschiebe zur Ablagerung kommt.

Bei einer Abflußmenge von 10 l/s und einer Wassertiefe von 5 cm kommt der am Einlauf der Modellrinne eingebrachte Braunkohlengrus in Bewegung und wird von der Strömung an der Rinnensohle mitfortgenommen. Zur Feststellung der Abwanderung des Geschiebes aus der Hauptströmung in den Hafen genügte die Beobachtung eines schmalen Rinnenstreifens von etwa 20 bis 30 cm Breite längs des auf der Hafenseite gelegenen Ufers. Denn infolge der Parallelströmung in der Rinne werden Geschiebeteilchen, die in weiterer Entfernung vom Hafeneingang vorbeiwandern, nicht mehr von der Einströmung in den Hafen erfaßt. Die Beobachtung hat gezeigt, daß nur die in unmittelbarer Nähe des Hafeneingangs vorbeiwandernden Geschiebeteilchen von der Einströmung in den Hafen erfaßt werden können. Ähnlich verhält es sich mit Schwimmkörpern, Schwebe- und Sinkstoffen. Um für die Erscheinung der Ablagerung des Geschiebes im Hafen nähere Anhaltspunkte zu gewinnen, wurde für verschiedene Hafenlängen bei einer Abflußmenge von 10 l/s und einer Wassertiefe von 5 cm die Geschwindigkeit in der Nähe der Sohle gemessen, bei der ein mittelgroßes Korn (1,5 mm Dmr. des verwendeten Braunkohlengrus) auf der Sohle nicht mehr weiter fortbewegt werden konnte. In folgender Zusammenstellung sind die Ergebnisse der Messungen für vier verschiedene Hafenlängen eingetragen.

Zahlentafel 3.

Hafenlänge cm	Grenzgeschwindigkeit Mittel aus 10 Messungen v_m in cm/s
30	7,50
100	6,93
120	6,70
140	6,83
Mittel v_m	6,99 ~ 7 cm/s

Der etwas höhere Wert für 30 cm Hafenlänge ist auf die bei den kleinen Hafenlängen sehr schwankenden Geschwindigkeiten zurückzuführen. Als durchschnittliche Grenzgeschwindigkeit für die Ablagerung von Braunkohlengrus, wie er bei den Modellversuchen zur Verwendung kam, kann 7,0 cm/s angenommen werden.

c) Die Geschiebeversuche.

α) *Die Versuche mit veränderlicher Hafenlänge bei gleichbleibender Versuchsdauer.*

Versuchsreihe VI.

Ablagerung von Braunkohlengrus als Geschiebe in Hafenbecken von verschiedener Länge (ohne Einbauten).

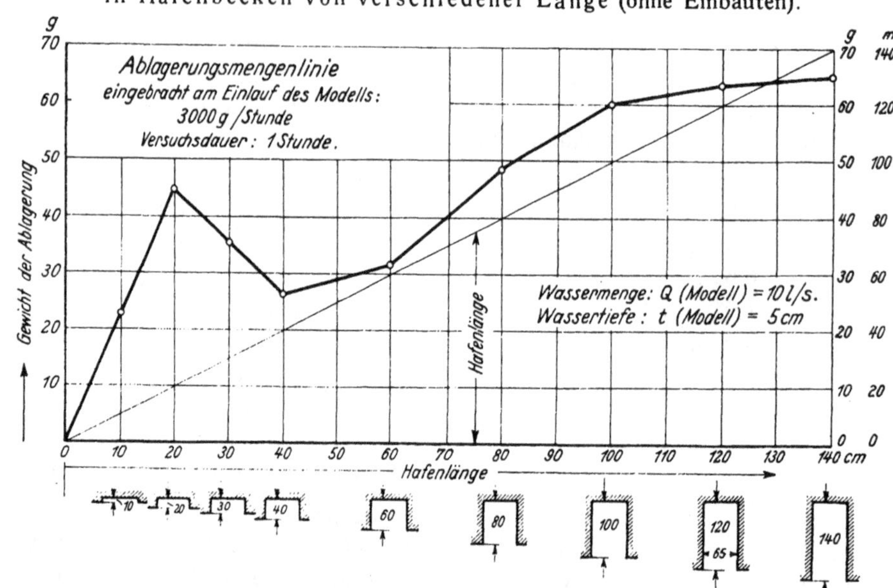

Abb. 12. Graphische Auftragung der Versuchsergebnisse zur Bestimmung der Ablagerungsmenge in Hafenbecken von verschiedener Länge (ohne Einbauten).

Ablagerung von Geschiebe (Braunkohlengrus). Versuchsdauer: 1 Stunde.

Abb. 13. Abfluß Q = 10 l/s. Hafenlänge = 100 cm.

Die Abszisse der in Abb. 12 eingetragenen Kurve stellt die Hafenlängen, die Ordinate die Gewichtsmengen der jeweiligen Ablagerung für die Versuchsreihe VI dar. Besonders bemerkenswert ist der Anfang der Kurve, solange die Hafenlänge kleiner ist als die Hafenbreite. Es zeigt sich zunächst ein rasches, nahezu geradliniges Ansteigen, dem ein flacher Abstieg bis nahezu zur Hälfte des bereits erreichten Wertes folgt. Erst nachdem die Hafenlänge etwa den Wert der Hafenbreite erreicht hat, zeigt die Kurve einen regelmäßig, allmählich ansteigenden Verlauf in Form eines flachen Parabelzweiges, der sich asymptotisch einem bestimmten, endlichen Grenzwerte nähert. Die Ursachen für die Unstetigkeit im anfänglichen Verlauf der Kurve liegen auf Grund der Beobachtung im wesentlichen in der Geschwindigkeitsverteilung der Wasserbewegung im Hafen begründet. Da bei den kleinen Hafenlängen (10 bis 30 cm) an der Umgrenzung der Hauptwalze die Grenzgeschwindigkeit von 7,0 cm/s gewöhnlich bei den angegebenen Abflußmengen und Wassertiefen überschritten wird, verteilt sich das mit der Einströmung in den Hafen gelangende Geschiebe ganz auf den inneren Teil der Walze.

Bei größeren Hafenlängen hingegen wird unter den gleichen Abflußverhältnissen diese Grenzgeschwindigkeit bereits bald nach der Einströmung auch am Umfang der Walze unterschritten. Infolgedessen gelangen die Geschiebeteilchen nicht mehr ins Innere der Walze und des Hafens.

Die Ablagerung bildet die auf allen Aufnahmen charakteristische Form einer in Richtung der Einströmung in den Hafen sich ausdehnenden, schmalen Zunge von kurzer Länge.

Der Hauptteil der Geschiebeablagerung ist unmittelbar neben der Einströmung und längs der inneren Begrenzung der durch die stromaufwärts liegende Uferecke hervorgerufenen Ablösungswirbelstraße zu beobachten (Abb. 13).

Nur feine Teilchen, die nach der Beobachtung meistens nicht als Geschiebe an der Sohle, sondern als Schwebestoffe im Wasser von der Strömung mitgeführt werden, gelangen tiefer in den Hafen und setzen sich im Innern der Walze ab.

β) Die Versuche mit veränderlicher Zeitdauer am unveränderlichen Hafenmodell.

Versuchsreihe VII.

Beobachtet man die Zunahme der Verlandung im Laufe der Zeit, so sieht man aus den Aufnahmen der Versuchsreihe VII (Abb. 14, Kurve 1), daß sich der Hafen von der Einströmungsstelle her allmählich zusetzt. Nach 24stündigem Versuch (Abb. 15) hat sich an der Einströmungsstelle am Hafeneingang eine breite Ablagerungsbank von ca. 3 cm höchster Erhebung über der Sohle bei einer normalen Wassertiefe von 5 cm gebildet. Dem in den Hafen einströmenden Wasser verbleibt nur ein schmaler Streifen zwischen Ablagerungsbank und Ufer zum Durchfließen. Im Innern des Hafens ist die Ablagerungsschicht sehr dünn und besteht vorwiegend aus den feinen Bestandteilen des Braunkohlengrus. Die in Abb. 14 unter Ziffer 1 in Abhängigkeit von der Zeit, für eine bestimmte Hafenlänge von 140 cm aufgetragene Ablagerungsmengenlinie stellt nahezu

Ablagerung von Braunkohlengrus als Geschiebe im Hafenbecken von der Größe 65 × 140 cm.

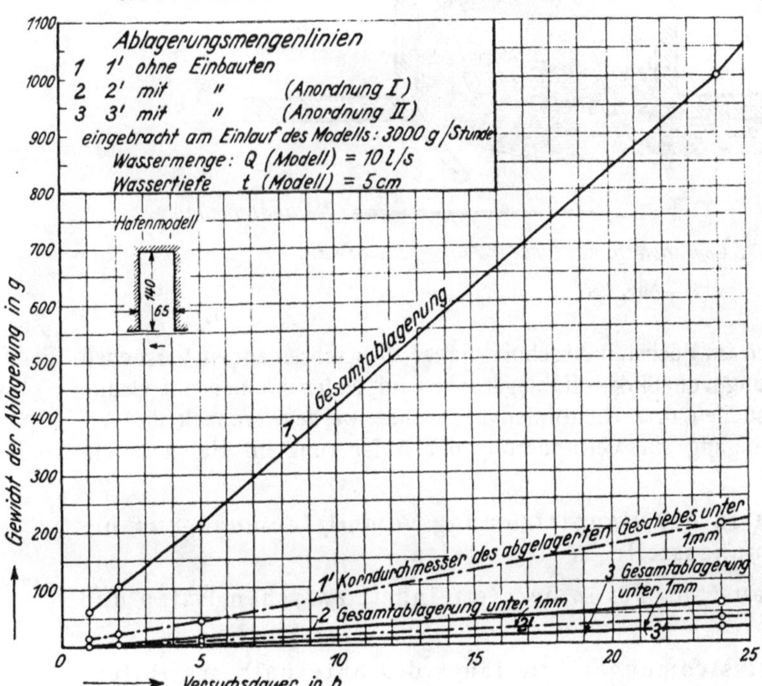

Abb. 14. Graphische Auftragung der Versuchsergebnisse zur Bestimmung der Ablagerungsmenge bei verschiedener Versuchsdauer.

Ablagerung von Geschiebe (Braunkohlengrus). Versuchsdauer: 24 Stunden.

Abb. 15. Abfluß Q = 10 l/s. Hafenlänge = 140 cm.

eine Gerade dar, d. h. die Ablagerungsmengen nehmen bei stationärem Abfluß und ohne Einwirkung äußerer Einflüsse proportional der Versuchsdauer zu.

2. Geschiebebewegung und Ablagerung im Hafen mit Einbauten am Hafeneingang.

a) Zweck der Einbauten.

Die Beobachtungen an den Versuchsergebnissen ohne Hafeneinbauten haben ergeben, daß schon nach verhältnismäßig kurzer Zeit sich im Hafen, besonders in unmittelbarer Nähe der Einströmung, beträchtliche Ablagerungen bilden. Man muß daher versuchen, durch künstliche Einbauten am Hafeneingang die geschiebeführende Wirkung der Einströmung in den Hafen zu beseitigen.

Schematische Darstellung der Wasserbewegung im Hafen mit Einbauanordnung II bei einem Abfluß von 12 l/s in der Rinne.

Abb. 16.

In Übereinstimmung mit den im nächsten Abschnitt näher zu beschreibenden Versuchen zur Feststellung und zur Verminderung von Sinkstoffablagerungen im Hafen können auf Grund der Beobachtung an den Modellversuchen drei Richtlinien angegeben werden, wonach die Anordnung von Einbauten am Hafeneingang zur Verhinderung der Ablagerung im Hafen durchgeführt werden kann.

1. Ablenkung des Geschiebes in der Hauptströmung vom Hafenmund und besonders von der Einströmungsstelle in den Hafen.
2. Verminderung des Wasseraustausches in der Zeiteinheit zwischen Hafen und Hauptströmung.
3. Verhinderung von Aufwärtsströmungen, die längs des unterhalb des Hafens liegenden Ufers mit dem Hauptstrom abwärts gewandertes Geschiebe wieder aufwärts vor den Hafenmund führen und dort Verlandungen verursachen.

b) Entstehung der Einbauten auf Grund der Modellversuche.

Um zunächst den Geschiebestrom vom Hafenmund abzulenken, wurde an der stromaufwärts gelegenen Uferecke unter einem Winkel von 45⁰ bis 50⁰ zur Uferlinie ein 20 cm langes Einbaustück nach der Bauart der Buhnen in die Strömung eingebaut (s. Plan 1, Anlage, und S. 15). Diese Einbaustücke erfüllen zunächst befriedigend ihre Aufgabe für die Geschiebeablenkung. Aber sie verursachen in der Hauptströmung vor dem Hafenmund eine rechtsdrehende Wasserwalze, die das nach der Ablenkung durch das Einbaustück dem Ufer wieder zustrebende Geschiebe erfaßt und mit der Gegenströmung vor den Hafenmund und in den Hafen hineinführt. Die Wirkung dieses Einbaustückes muß durch weitere Vorkehrungen ergänzt werden. Ohne Einbau eines stromabwärts gelegenen Leitstückes vollzieht sich die Einströmung in den Hafen nahezu ebenso stark und, was besonders wichtig ist, an der gleichen Stelle (stromabwärts gelegenen Ufereckkante) wie bei der Modellanordnung ohne Einbauten. Es wäre für die Verhinderung des Geschiebeeintritts in den Hafen zweckmäßiger, wenn man die Verlegung der Einströmung an eine vom Geschiebe nicht so leicht erreichbare Stelle am Hafeneingang erzielen könnte. Die geeignetste hierfür in Betracht kommende Stelle ist die stromaufwärts gelegene Uferkante des Hafens. Denn unter dem Schutz der stromaufwärts liegenden Einbaustücke kann von oben her kein Geschiebe in den Hafen eindringen, und das bereits abwärts gewanderte Geschiebe muß, von der Aufwärtsströmung erfaßt, über die ganze Hafeneinfahrtsbreite mitgenommen und von der aufwärts liegenden Einströmung weiter in den Hafen hineingeführt werden. Die Beobachtung hat ergeben, daß auf diesem etwas umständlichen Weg bedeutend weniger Geschiebe in den Hafen gelangt. Die Änderung in der Wasserbewegung des Hafens durch Verlegen der Einströmung wird verhältnismäßig einfach durch Anordnung einer Verlängerung der unterhalb des Hafens gelegene Uferlinie über die Hafenöffnung hinaus erreicht. Hierdurch wird der bisherige Einströmungsstrom abgelenkt, es entsteht in dem Raum zwischen den Einbauten eine von der Hauptströmung in Bewegung gesetzte rechtsdrehende Vorwalze, die am stromaufwärts liegenden Hafenufer eine linksdrehende, größere Walze im Innern des Hafens in Bewegung setzt.

Schematische Darstellung der Wasserbewegung im Hafen mit Einbauanordnung II bei einem Abfluß von 12 l/s in der Rinne.

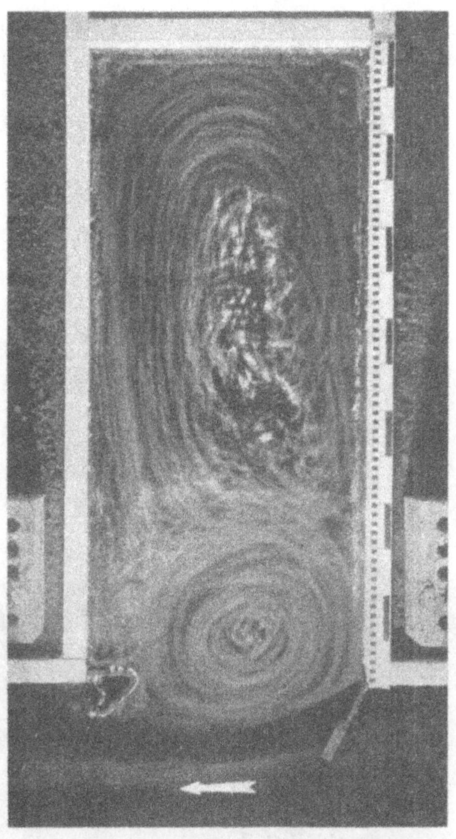

Abb. 17. Photographische Aufnahme der Wasserbewegung an der Oberfläche bei Windstille.

Durch die Zwischenschaltung der Vorwalze wird der Wasseraustausch zwischen Hauptströmung und der Wasserbewegung im Hafeninneren gegenüber derjenigen bei unmittelbarer Verbindung mit der Hauptströmung erheblich vermindert.

Aber trotz dieser wesentlichen Verbesserung gelangt infolge der unterhalb des Hafens dem Ufer entlang vorhandenen Aufwärtsströmung noch Geschiebe vor den Hafeneingang. Diese Aufwärtsströmung rührt von der dem Ufer entlang liegenden, schmalen, aber langgestreckten Vorwalze her (Abb. 16 und 17). Das obere Ende dieser Walze reicht bis an die stromaufwärts liegenden Hafeneinbauten. Die Beobachtung am Modellversuch hat ergeben, daß der Übertritt von Geschiebe- und Sinkstoff in die Strömung der Vorwalze durch Umbiegen des parallel zur Hauptströmung verlaufenden, stromabwärts liegenden Einbaustücks etwa in einem Winkel von 40° bis 45° Ablenkung zu dieser Richtung verhindert werden kann. Die Aufwärtsströmung entlang dem Hafen abwärts liegenden Ufer der Hauptströmung wird dadurch abgefangen und die Verbindung zur Strömung in den Hafen unterbrochen. Das Ablenkungsstück braucht nur so lang zu sein, daß es die schmale Breite der jetzt von der Vorwalze zwischen den Einbauten getrennten, aufwärts bewegenden Uferwalze überdeckt (Abb. 16 und 17).

c) Wirkung der Einbauten auf die Geschiebeablagerung im Hafen.

Versuchsreihe VIII und IX.

Zur Überprüfung der Wirkung der Einbauten wurden zwei weitere Versuchsreihen VIII und IX für die beiden Anordnungen unter den gleichen Abfluß- und Zeitverhältnissen der Versuchsreihe VII durchgeführt. Ein Vergleich der in Abb. 14 eingetragenen Kurven aus den Versuchsergebnissen zeigt den bedeutenden Einfluß der Einbauten auf die Ablagerungsverminderung im Hafen. Während bei Einbau I, Kurve 2, noch etwas körniges Material zur Ablagerung kommt, wurde bei Einbau II, Kurve 3 erreicht, daß nur noch staubfeines Material sich im Hafen absetzt (Abb. 18 und 19).

Ablagerung von Geschiebe (Braunkohlengrus) im Hafen mit Einbauten am Hafeneingang. Versuchsdauer: 5 Stunden. Hafenlänge = 140 cm.

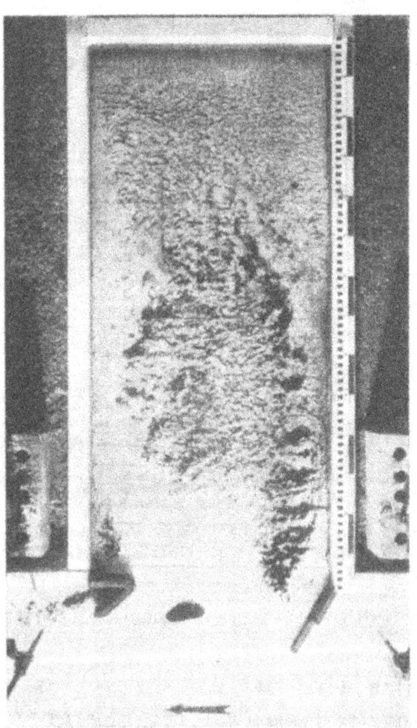

Abb. 18. Abfluß $Q = 10$ l/s. Anordnung I.

Abb. 19. Abfluß $Q = 10$ l/s. Anordnung II.

Bei Anordnung II werden die Geschiebekörner durch die über das stromaufwärts liegende Einbaustück fließende Strömung in verstärktem Maße gezwungen, mit der Hauptströmung abzuwandern. Die Anordnung II ist daher in ihrer Wirkungsweise auf die Geschiebeablagerung im Hafen günstiger als Anordnung I mit nur teilweiser Überflutung dieses Einbaustückes.

Die folgende Zusammenstellung zeigt die Zusammensetzung der Geschiebeablagerung in körniges und staubfeines Material für die drei in Abb. 14 aufgetragenen Versuchsergebnisse bei 24-stündiger Versuchsdauer.

Zahlentafel 4.

Modellanordnung	Ablagerung im Hafen				Gesamtablagerung	Am Einlauf eingebrachtes Material
	körniges Material > 1 mm ϕ		staubfeines Material < 1 mm ϕ			
	Gewicht g	%	Gewicht g	%	g	g
ohne Einbauten . .	800,0	80,0	200,0	20,0	1000,0	72 000
Einbau I	41,3	58,8	29,0	41,2	70,3	72 000
Einbau II	0,0	0,0	32,0	100,0	32,0	72 000

Bei Anordnung II werden nur noch 3,2% der bei der Modellanordnung ohne Einbauten festgestellten Geschiebemenge abgelagert. Aus den Aufnahmen (Abb. 18 und 19) der Versuchsreihen VIII und IX können Ausdehnung und Ort der Ablagerungen festgestellt werden. Bei beiden Versuchsreihen erkennt man, daß in der Mitte der Vorwalze zwischen den Einbauten am Hafeneingang sich eine verhältnismäßig dicht gefügte Ablagerungsinsel von geringer Ausdehnung im Laufe der Zeit herausbildet. Während der Versuche wurde auch beobachtet, daß von den Geschiebeteilchen, die am stromabwärts gelegenen Einbaustück entlang in die Vorwalze (Hauptwalze) gelangten, einige, von der Strömung dieser Walze mitgenommen, in der Nähe des stromaufwärts gelegenen Einbaustückes wieder von der Hauptströmung erfaßt und mitgeführt werden (s. hierzu auch Versuche mit Bernsteinkugeln S. 19 und Abb. 9 und 10).

3. Sinkstoffbewegung und Ablagerung im Hafen ohne Einbauten am Hafeneingang.

a) Das Verhalten des verwendeten Sinkstoffs in der Strömung.

Als Material für die Durchführung der Versuche zur Bestimmung der Sinkstoffablagerungen im Hafen wurde mit Wasser verdünnter Holzschliff verwendet. Von der verdünnten Masse wurde eine für sämtliche Versuche gleichbleibende Gewichtsmenge, 4900 g Flüssigkeit in einer Viertelstunde, am Einlauf des Modells der Hauptströmung beigegeben. Das getrübte Wasser trug den Holzschliff, als Schwebestoff mit sich führend, längs der Uferkante bis vor die Hafenöffnung. Dort wurde der Holzschliff zum Teil durch die Einströmung in den Hafen geführt, zum größeren Teil aber wurde er mit der Hauptströmung in der Rinne abgeführt.

Das mit der Einströmung in den Hafen gelangte, getrübte Wasser dehnt sich allmählich über die ganze Hafenfläche aus. An den Stellen niederer Geschwindigkeiten setzt sich der Schwebestoff als Sinkstoff nach und nach auf die Sohle ab. An den Stellen größerer Geschwindigkeiten, vornehmlich am Umfang der Walzen, wird das getrübte Wasser wieder in die Ausströmung geführt und gelangt von da in die Hauptströmung.

Die Ablagerungen in der Hafenmitte (Walzenmitte) bilden sich in der Hauptsache durch von der Oberfläche absinkende Holzschliffteilchen und durch die nach der Walzenmitte zu gerichteten Sohlenströmungen, die von der Umgrenzung der Walze her die Sinkstoffe der Mitte zuführen und dort zur Ablagerung bringen.

b) Mittlere Grenzgeschwindigkeit am Umfang der Ablagerungsfläche des Sinkstoffs.

Um einen Anhaltspunkt für die Geschwindigkeit zu erhalten, bei der der Holzschliff sich als Sinkstoff absetzt, wurde am Umfang der Ablagerungsfläche etwa 1 cm hoch über der Sohle die dort vorhandene Geschwindigkeit gemessen. Zu diesem Zweck wurden drei Versuche am Modell ohne Einbauten mit je zehn Geschwindigkeitsmessungen an der Umgrenzung der Ablagerungsfläche nach einer Versuchsdauer von ca. 15 bis 20 min durchgeführt. Die Ergebnisse dieser Messungen sind in folgender Zusammenstellung aufgetragen:

v_{II} = gemessene mittlere Grenzgeschwindigkeit am Umfang der Ablagerungsfläche.

Zahlentafel 5.

Hafenlänge cm	Abflußmenge Q = l/s	Wassertiefe cm	Mittel aus 10 Messungen v_{II} = cm/s	Versuchsdauer min
50	6	5,0	2,05	15
50	10	5,0	2,11	15
140	10	5,0	2,00	15

Mittel aus 3 Modellversuchen v_{II} = 2,05 cm/s.

c) Die Sinkstoffversuche.

α) *Die Versuche mit veränderlicher Hafenlänge bei gleichbleibender Versuchsdauer.*

Versuchsreihe X und XI.

Ablagerung von Holzschliff als Sinkstoff in Hafenbecken von verschiedener Länge (ohne Einbauten).

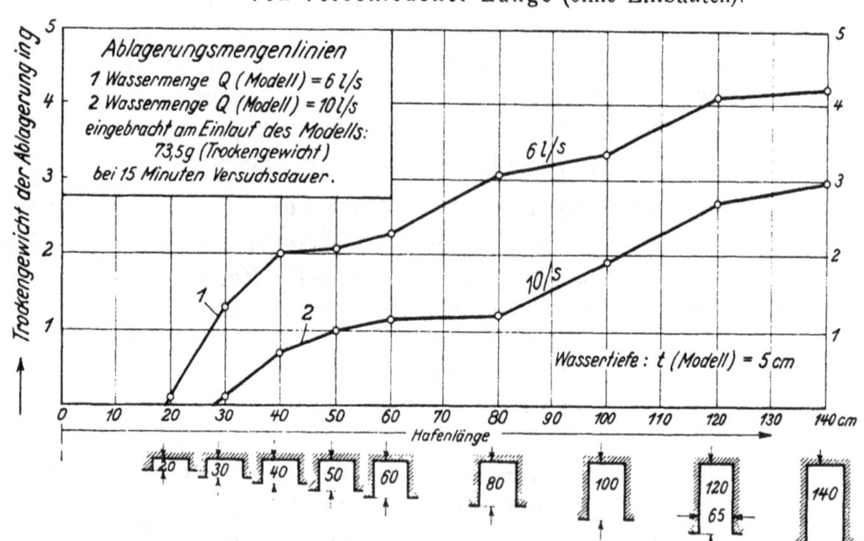

Abb. 20. Graphische Auftragung der Versuchsergebnisse zur Bestimmung der Ablagerungsmenge in Hafenbecken von verschiedener Länge (ohne Einbauten).

Ablagerung von Sinkstoff (Holzschliff). Versuchsdauer: 15 Minuten. Hafenlänge = 120 cm.

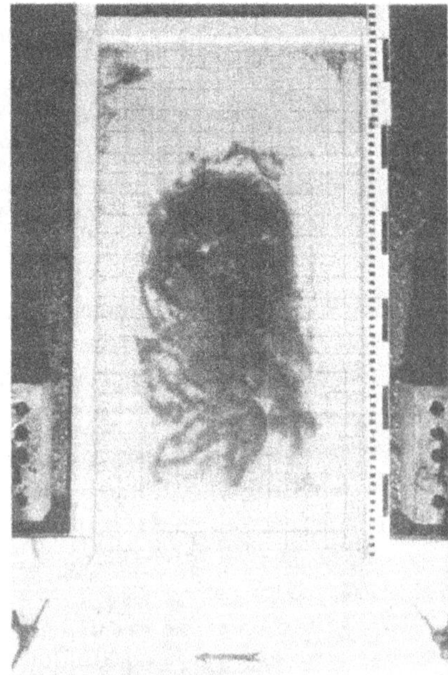

Abb. 21. Abfluß Q = 6 l/s. Ablagerung: 4,08 g. Anmerkung: Vgl. Abb. 20.

Die Versuchsreihen X und XI wurden mit zunehmender Hafenlänge ohne Einbauten für Q = 6 l/s und Q = 10 l/s bei gleicher Versuchsdauer (15 min) durchgeführt. Die gemittelten Versuchsergebnisse über die Menge der abgelagerten Sinkstoffe im Trockenzustand bei beiden Versuchsreihen sind in Abhängigkeit von der Hafenlänge in Abb. 20 eingetragen (Kurve 1 für Q = 6 l/s und Kurve 2 für Q = 10 l/s). Die Versuchsergebnisse der Versuchsreihe X (Kurve 1) zeigen durchgehend höhere Werte als diejenigen der Versuchsreihe XI (Kurve 2). Der Unterschied kommt daher, daß bei einem Abfluß von 6 l/s erheblich geringere Geschwindigkeiten im Hafen auftreten als bei Q = 10 l/s unter der Voraussetzung gleicher Wassertiefen. Die Ablagerungsflächen der Versuchsreihe X sind daher an Ausdehnung viel größer als die entsprechenden der Versuchsreihe XI (Abb. 21).

Eine Verminderung der Geschwindigkeiten in der Wasserbewegung im Hafen ohne zugleich starke Drosselung des Wasseraustausches zwischen Hauptströmung und Hafen bewirkt daher eine Vermehrung der Sinkstoffablagerung.

Abb. 22 zeigt den grundsätzlichen Unterschied zwischen der Form der Geschiebe- und Sinkstoffablagerungsfläche.

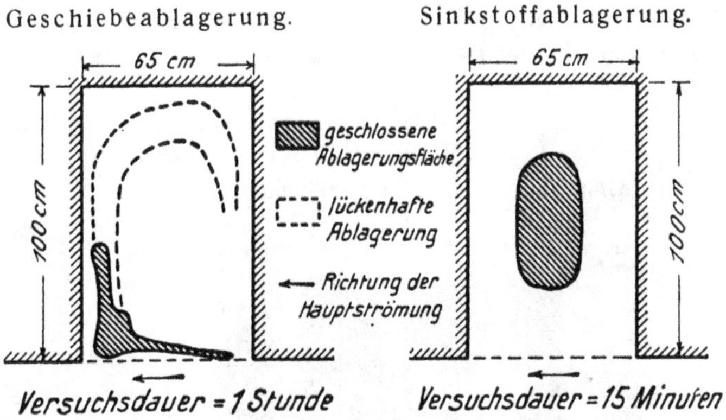

An den Stellen der Geschiebeablagerung tritt infolge der größeren Geschwindigkeiten (größer als 2,00 cm/s) noch keine Sinkstoffablagerung auf, während das Geschiebe infolge seiner höheren Grenzgeschwindigkeit (7,00 cm/s) bei der angegebenen Abflußmenge nicht bis in die Walzenmitte gelangen kann.

Geschiebeablagerung. Sinkstoffablagerung.

65 cm
100 cm
geschlossene Ablagerungsfläche
lückenhafte Ablagerung
Richtung der Hauptströmung
Versuchsdauer = 1 Stunde
Versuchsdauer = 15 Minuten

Abb. 22.

Beim Vergleich der beiden in Abb. 20 eingetragenen Kurven fällt außerdem auf, daß beide Kurven am Anfang bei geringer Hafenlänge steil ansteigen, dann flacher verlaufen, wieder steiler ansteigen und mit noch größer werdender Hafenlänge flacher ansteigend sich einem endlichen Grenzwert nähern. Diese Unstetigkeiten im Verlauf der Ablagerungsmengenlinien haben ihre Ursache in der ungleichmäßig mit der Hafenlänge sich ändernden Geschwindigkeitsverteilung, was aus den Oberflächengeschwindigkeitsdiagrammen in Plan 2 (Anlage) für die betreffenden Hafenlängen nachweisbar ist, indem die Strömungsgeschwindigkeiten bei dem 40 cm tiefen Hafen ein örtliches Maximum erreichen.

β) Die Versuche mit veränderlicher Zeitdauer am unveränderlichen Hafenmodell.

Versuchsreihe XII.

Die Versuchsreihe XII wurde am Modell ohne Einbauten mit den Versuchszeiten, ¼, ½, 1 und 5 h durchgeführt. In Abb. 23 sind die Ergebnisse dieser Versuchsreihe in Kurve 1 eingetragen. Die Abszisse stellt die Versuchszeiten, die Ordinate die festgestellten Gewichtsmengen der Ablagerung im Hafen im Trockenzustand nach dem Versuch dar (s. Abb. 24).

Die Ablagerungsmengenlinie weicht nur wenig von einer Geraden ab, woraus eine proportionale Zunahme der Ablagerungsmenge zur Versuchszeit ersichtlich ist.

Ablagerung von Holzschliff als Sinkstoff im Hafenbecken von der Größe 65×140 cm.

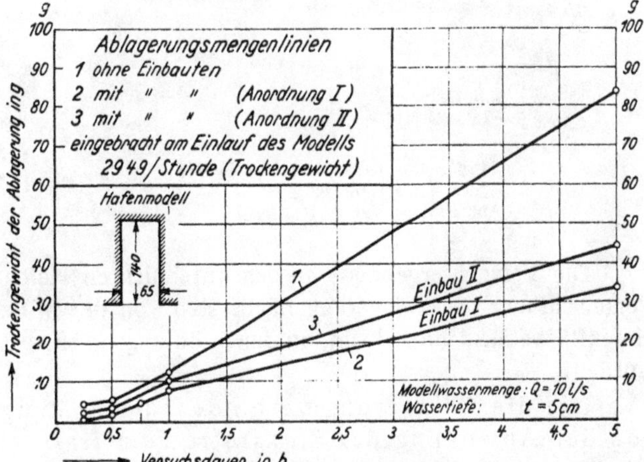

Abb. 23. Graphische Auftragung der Versuchsergebnisse zur Bestimmung der Ablagerungsmenge bei verschiedener Versuchsdauer.

4. Wirkung der Einbauten auf die Sinkstoffbewegung und Ablagerung im Hafen.

Versuchsreihe XIII und XIV.

Die Ergebnisse der Versuchsreihen XIII und XIV für Anordnung I und Anordnung II bei verschiedenen Versuchszeiten sind auf Abb. 23 in Kurve 2 und Kurve 3 eingetragen. Auch diese Kurven zeigen ebenfalls einen annähernd geraden Verlauf. Ein Vergleich der auf Abb. 23 eingetragenen Kurve zeigt, daß durch die Einbauten am Hafeneingang die Ablagerung von Holzschliff erheblich vermindert werden konnte. Nach einer Versuchsdauer von 5 Stunden betrug die Ablagerungsmenge bei Einbau I nur noch 41% (34 g) der Ablagerung (83 g) am Modell ohne Einbauten (Abb. 24 und 25). Die Ergebnisse bei Anordnung II fallen infolge des vermehrten Wasseraustauschs zwischen Hafen und Strom ungünstiger aus als bei Anordnung I ohne Überfluten der Wurzel des stromaufwärts liegenden Einbaustücks.

Ablagerung von Sinkstoff (Holzschliff) im Hafen.
Versuchsdauer: 5 Stunden. Hafenlänge = 140 cm.

Ohne Einbauten am Hafeneingang.

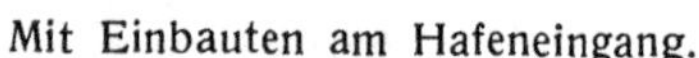

Mit Einbauten am Hafeneingang.

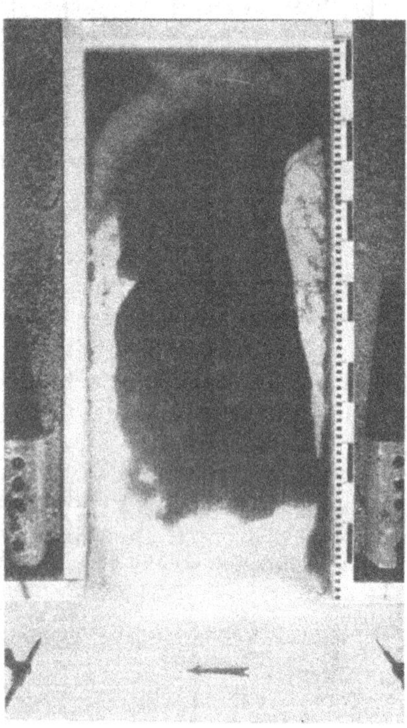

Abb. 24. Abfluß $Q = 10$ l/s. Trockengewicht der Ablagerung: 83 g. Anmerkung: Vgl. Abb. 23.

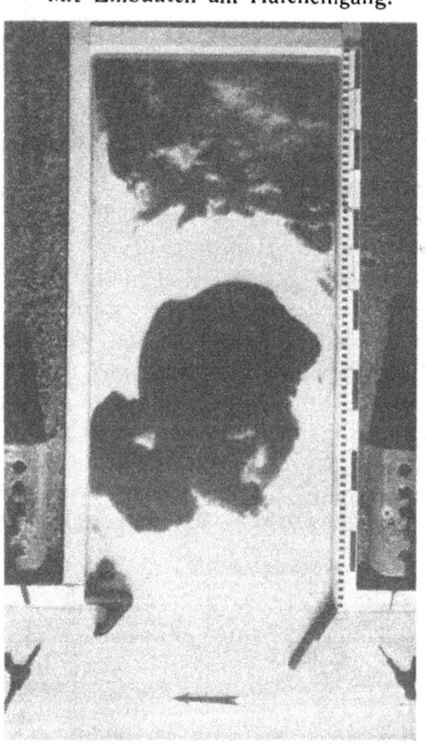

Abb. 25. Abfluß $Q = 10$ l/s. Trockengewicht der Ablagerung: 34 g. Anmerkung: Vgl. Abb. 23.

Die Versuchsergebnisse an den untersuchten Hafenmodellen haben gezeigt, daß bei längerer Versuchsdauer die Ablagerungsfläche sich von der Walzenmitte aus auch auf solche Stellen der Hafenfläche ausdehnen kann, an denen anfangs größere Geschwindigkeiten als 2,00 cm/s gemessen wurden.

Die die Ablagerung verhindernde Wirkung der Einbauten beruht abgesehen von der Ablenkung der Sinkstoffe vom Hafeneingang ganz besonders in der Verminderung des Wasseraustauschs zwischen Hafen und freiem Strom.

Die Menge der abgelagerten Sinkstoffe in einer in sich geschlossenen Wasserwalze ist abhängig von der zugeführten Wassermenge, der in der Walze auftretenden Geschwindigkeiten, der Größe der Walzenfläche und der Zeitdauer des Zuflusses sinkstoffhaltigen Wassers.

In der Vorwalze sind zwischen den Einbauten noch so große Geschwindigkeiten vorhanden, daß sich auch bei längerer Versuchsdauer kein Sinkstoff absetzen kann.

5. Einfluß von Wind auf die Wasser-, Geschiebe- und Sinkstoffbewegung im Hafen.

a) Die Winderzeugung am Modell.

Bisher wurden die Vorgänge bei einem parallel sich fortbewegenden Strom in einem rechtwinklig zu ihm angeordneten, offenen Hafenbecken ohne anderweitigen Zu- und Abfluß bei Windstille betrachtet. Unter den äußeren Einflüssen, die auf einen Strom in der Natur einwirken können, besitzt der Wind eine ganz besondere Bedeutung. In der Natur wird die Wasserbewegung bei Wind durch ein dauernd wechselndes Element beeinflußt, da der Wind seine Richtung und Stärke ständig zu ändern pflegt und eine größere Wasserfläche nicht überall mit der gleichen Stärke trifft.

Es ist zu untersuchen, welchen Einfluß der Wind auf die Wasserbewegung und die Ablagerungen im Hafen ausübt. Der durch Ventilatoren erzeugte Wind blies abwärts unter einem Winkel von ungefähr 20° auf die Wasseroberfläche. Die Versuche wurden für drei verschiedene Windrichtungen durchgeführt. Zunächst blies der Wind senkrecht zur Hauptströmungsrichtung, also parallel zur Hafenlängsachse, in den Hafen hinein, dann beide Male unter einem Winkel von 45° zur Hafenlängsachse zuerst strömungsabwärts, dann strömungsaufwärts gerichtet gleichfalls vom Strom zum Hafen hin. Die Windstärke, die unmittelbar vor dem Auftreffen auf das Wasser mittels Windmesser gemessen wurde, war für sämtliche Versuche annähernd gleich stark. Die Geschwindigkeiten schwankten auf der von ihr bestrichenen Wasserfläche zwischen 3,5 und 5,0 m/s. Im Mittel betrug sie 4,0 m/s. Die Höhe der am Modell erzeugten Wellen betrug dabei ca. 4 mm. Bei Übertragung auf die Natur müssen die im Modell gemessenen Werte bei den Geschwindigkeiten mit der Wurzel aus dem Modellmaßstab, bei der Wellenhöhe mit dem Maßstab multipliziert werden.

b) Die Geschiebebewegung und Ablagerung am Modell mit und ohne Einbauten.

Versuchsreihe XV.

Versuchsreihe XV enthält die Versuche zur Klärung der Ablagerungsverhältnisse im Hafen unter dem Einfluß des Windes bei Verwendung von Braunkohlengrus als Geschiebe. Die Ergebnisse dieser Versuchsreihe nach einstündiger Versuchsdauer sind in folgender Zusammenstellung angegeben. Zum Vergleich sind die Versuchsergebnisse bei Windstille besonders vermerkt.

Zahlentafel 6.

Modellanordnung: Hafenlänge 140 cm, Hafenbreite 65 cm, Abfluß: $Q = 10$ l/s, Wassertiefe 5 cm	Ablagerungsmenge im Hafen bei Windstille g	Ablagerungsmenge im Hafen unter Einwirkung des Windes — Windrichtung: unter 45° stromabwärts zur Hafenlängsachse g	parallel zur Hafenlängsachse g	unter 45° stromaufwärts zur Hafenlängsachse g
ohne Einbauten . . .	65,0	43,0	50,0	76,0
mit Einbau II	0,4	0,0	0,0	0,0

Der Ort der Ablagerung befindet sich für alle drei untersuchten Fälle an der gleichen Stelle wie bei Windstille in der Nähe der stromabwärts liegenden Uferecke.

α) *Windrichtung parallel zur Hafenlängsachse in den Hafen hinein.*

Bestreicht der Wind parallel zur Hafenlängsachse die Wasserfläche, so wird im Hafen an der Wasseroberfläche eine Strömung ins Innere des Hafens parallel zu seiner Längsachse erzeugt, an der Sohle dagegen strömt das sich am Hafenende stauende Wasser wieder in den Hauptstrom zurück (Abb. 26).

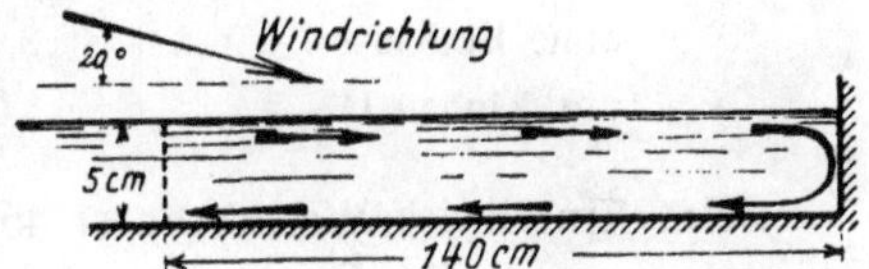

Verhältnis der Längen u. Höhen 1:4

Abb. 26. Wasserbewegung im Hafenlängenschnitt.

Diese Beobachtung wurde durch das Herauswandern von in den Hafen eingesetzten Bernsteinkugeln bestätigt. Die Ablagerung von Geschiebe am Hafeneingang wird behindert und es werden daher 23% weniger Geschiebe unter den gleichen Verhältnissen im Hafen abgelagert als bei Windstille.

β) Windrichtung unter 45° stromabwärts zur Hafenlängsachse in den Hafen hinein.

Bestreicht hingegen der Wind unter einem Winkel von 45° zur Hafenlängsachse, strömungsabwärts gerichtet, die Wasseroberfläche, dann wird wohl auch teilweise eine Oberflächenströmung im Sinne der Windrichtung und eine entgegengesetzte Sohlenströmung erzeugt. Aber wesentlicher für den Verlandungsvorgang des Geschiebes ist die Ergänzung des in der Rinne abfließende Hauptstroms durch die in seine Richtung fallende Komponente der Windrichtung. Da sich außerdem in Richtung des abfließenden Hauptstroms kein Widerstand befindet, der ein Rückwandern einer reflektierten Sohlenströmung bewirken könnte, so muß an der stromabwärts liegenden Hafenecke ein Übergewicht in Richtung des Hauptstroms für die gesamte Wassertiefe und eine Verminderung der Einströmung in den Hafen eintreten. Das Geschiebe muß also stärker in Richtung des Hauptstroms abgeleitet werden. Das Versuchsergebnis bestätigt diese Tatsache. In diesem Falle verminderte sich die Auflandung gegenüber dem Ergebnis bei Windstille um 34%, gegenüber dem Ergebnis der Windrichtung parallel zur Hafenlängsachse um 14%.

γ) Windrichtung unter 45° stromaufwärts zur Hafenlängsachse in den Hafen hinein.

Beim Vergleich des Ergebnisses dieser Versuche mit dem vorher beschriebenen Fall einer unter 45° zur Hafenlängsachse stromabwärts gerichteten Windwirkung zeigt sich, daß dagegen hier die Gegenwirkung einer erheblichen Behinderung des Abflusses in Richtung des Hauptstromes eintritt. Die parallel aber entgegengesetzt zur Hauptströmung wirkende Windkomponente staut vor dem Hafeneingang das abfließende Wasser und erleichtert dadurch die Einströmung in den Hafen. Die Ablagerungsmenge im Hafen bei Windstille wird dadurch um 17% erhöht. Im Vergleich zu einer um 90° gedrehten Windrichtung (unter 45° stromabwärts zur Hafenlängsachse gerichtet) wird die Ablagerungsmenge bei gleicher Versuchszeit nahezu verdoppelt.

c) Die Sinkstoffbewegung und Ablagerung am Modell mit und ohne Einbauten.

Versuchsreihe XVI.

Die durch den Wind hervorgerufene Stauwirkung an der Wasseroberfläche und die dadurch verursachte Gegenströmung an der Sohle wird mit besonderer Klarheit aus der Versuchsreihe XVI bei Verwendung von Holzschliff als Sinkstoff erkannt. Die Versuchsergebnisse für eine Versuchsdauer von 15 min sind in der folgenden Zusammenstellung für das Modell ohne und mit Einbauten eingetragen:

Zahlentafel 7.

Modellanordnung: Hafenlänge 140 cm Hafenbreite 65 cm Abfluß: $Q = 10$ l/s Wassertiefe 5 cm	Ablagerungsmenge im Hafen bei Windstille g	Ablagerungsmenge im Hafen unter Einwirkung des Windes Windrichtung		
		unter 45° stromabwärts zur Hafenlängsachse g	parallel zur Hafenlängsachse g	unter 45° stromaufwärts zur Hafenlängsachse g
ohne Einbauten . . .	3,85	0,0	0,2	0,0
mit Einbau II	1,00	0,0	0,2	0,1

Beim Einfall des Windes unter 45° zur Hafenlängsachse findet in beiden Fällen die Oberflächenstauung an den Seitenufern des Hafens ihre Begrenzung. Infolge des Überdruckes wird eine Wasserwalze mit horizontaler Achse erzeugt, die ein Absitzen des Sinkstoffs auf der Hafensohle verhindert. Der Sinkstoff gelangt dadurch wieder in den Hauptstrom.

Bei einer zur Hafenlängsachse parallelen Windrichtung dagegen tritt die Stauwirkung infolge der Oberflächenwellen erst am hinteren Hafenufer ein. Die reflektierte Sohlenströmung (Abb. 27) verhindert wohl eine größere Ablagerung in der Hafenmitte, aber am hinteren Hafenrand, wo sich noch Reste einer Wasserwalze mit lotrechter Drehachse erhalten haben, und an bestimmten Stellen seitlich der Hafenachse, wo die durch die normale Einströmung in den Hafen erzeugte Sohlenströmung der reflektierten Sohlenströmung entgegengesetzt ist, kann Sinkstoff auf die Sohle absinken.

Folgende Zusammenstellung gibt Aufschluß über die starke Einwirkung des Windes auf die Sinkstoffablagerung bei einer Versuchsdauer von 45 min:

Zahlentafel 8.

Modellanordnung: Hafenlänge 140 cm, Hafenbreite 65 cm, Abfluß: $Q = 10$ l/s, Wassertiefe 5 cm	Ablagerungsmenge von Schwebestoff im Hafen	
	bei Windstille g	bei Wind parallel zur Hafenlängsachse g
ohne Einbauten . . .	8,40	0,28
mit Einbau II	7,00	3,30

Die Sohlenströmung im Hafen unter der Einwirkung des Windes parallel zur Hafenlängsachse in den Hafen hinein.

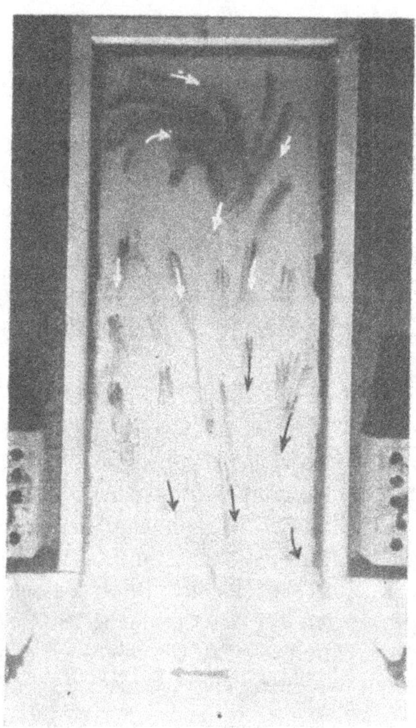

Abb. 27. Abfluß $Q = 10$ l/s. Anordnung ohne Einbauten am Hafeneingang.

Bei längerer Versuchsdauer nimmt bei der Anordnung ohne Einbauten die Verlandung kaum zu, während dagegen bei Einbauten am Hafeneingang die Verlandung erheblich zunimmt, wenn sie auch nicht das Maß derjenigen bei Windstille erreicht.

Es ergibt sich hieraus die Tatsache, daß in allen betrachteten Fällen der in den Hafen hineinwehende Wind auf die Sinkstoffablagerung hemmend einwirkt und sie gegenüber dem Zustand bei Windstille vermindert.

Daß bei den Einbauten mit zunehmender Versuchsdauer eine größere Ablagerungsmenge festgestellt wurde, rührt davon her, daß die Einbauten die Sohlenströmung im Hafen teilweise wieder reflektieren und ihr den ungehinderten Austritt aus dem Hafen in den Hauptstrom verwehren.

III. Zusammenfassung.

1. Wasserbewegung.

Die an den schematischen Hafenmodellen ausgeführten Versuche haben gezeigt, daß an einem offenen Hafen sich ein ständiger Wasseraustausch zwischen dem Hafenbecken und dem Außenstrom vollzieht. Im Hafen bewegt sich das Wasser in Form von Wasserwalzen, die ihren Zufluß sowohl von der Einströmungsstelle in den Hafen als auch von Ablösungswirbeln der durch die plötzliche Änderung des Abflußquerschnitts hervorgerufenen Trennungsfläche erhalten. Die Geschwindigkeitsverteilung in den Wasserwalzen vollzieht sich so, daß am Umfang der Walze die größten, im Innern dagegen die kleinsten Geschwindigkeiten vorhanden sind. Die Struktur der Wasserbewegung in den Wasserwalzen zeigt einen wesentlichen Unterschied zwischen Oberflächen- und Sohlenströmung. An der Oberfläche wickeln sich die Wasserfäden in Form einer Spirale nach außen zu auf, während an der Sohle die entsprechenden Wasserfäden sich nach der Mitte der Walze hin bewegen. Aus dem Zustrom von Wasser über der Sohle zum Walzenkern hin und dem Abströmen von Wasser vom Walzenkern fast an der Oberfläche muß gefolgert werden, daß die Hafenwalzen in ihrem Kern eine Aufwärtsströmung besitzen, daß sie demnach Steigwalzen — Sprudel — sind.

2. Geschiebebewegung.

Das vom Außenstrom mitgeführte schwerere Geschiebe gelangt mit der Einströmung am Umfang der Wasserwalze, wo die größten Geschwindigkeiten auftreten, in den Hafen. In unmittelbarer Nähe der Einströmungsstelle kommt der größte Teil des Geschiebes zur Ablagerung und zeigt deshalb die eigentümliche Ablagerungsform einer schmalen Zunge, weil die Grenzgeschwindigkeit, bei der das verwendete Geschiebe sich nicht mehr an der Sohle weiterbewegt, am Umfang der Walze alsbald unterschritten wird. Die beiden Ablagerungszungen bilden sich längs der Wirbelstraße und parallel zum stromabwärts liegenden Hafenufer aus. Bei größeren Wassergeschwindigkeiten und bei längerer Versuchsdauer wird sich von diesen Stellen aus der Hafen allmählich mit Geschiebe zusetzen.

3. Sinkstoffbewegung.

Der wesentliche Unterschied der Sinkstoffbewegung gegenüber der Geschiebebewegung besteht darin, daß der leichtere Sinkstoff schwebend im Wasser in feinst verteilter Form mitgeführt wird, während das Geschiebe gleitend und rollend sich an der Sohle fortbewegt. Bei einer sehr niederen Absinkgeschwindigkeit von etwa 2,00 cm/s, auf die bei diesen Modellversuchen die Geschwindigkeiten erst im Inneren der größeren Wasserwalzen abgebremst wurden, setzt sich de Sinkstoff zu Boden. Infolgedessen ergibt sich ein grundsätzlich verschiedenes Ablagerungsbild im Hafen für die Geschiebe- und Sinkstoffablagerung. Der Sinkstoff kann deshalb viel tiefer in den Hafen als das Geschiebe eindringen und wird im Laufe der Zeit den Hafen von innen nach dem Hafeneingang zu zusetzen.

4. Mittel zur Verhinderung der Verlandung.

Die eingehenden Modellversuche zur Feststellung der Geschiebe- und Sinkstoffbewegung ließen erkennen, daß der Verlandung eines Hafens am besten und sichersten durch zweckmäßige Ausgestaltung des Hafeneingangs zur Verhinderung des Geschiebe- und Sinkstoffeintritts in den Hafen entgegengewirkt werden kann. Diese Wirkung wird durch Einbauten am Hafenmund erreicht, die das im Hauptstrom mitgeführte Geschiebe und die Sinkstoffe von der Einströmungsstelle in den Hafen ablenken, den Wasseraustausch zwischen Hafen und Hauptstrom vermindern und das Eindringen von Geschiebe- und Sinkstoff in den Hafenmund durch auswärts gerichtete Nebenströmungen verhindern. Eine sich am Hafeneingang zwischen den Einbauten ausbildende Wasserwalze erster Ordnung (Vorwalze) bildet für das Eindringen des Geschiebes und der Sinkstoffe ins Hafeninnere ein natürliches Hindernis, da mit der Ausströmung dieser Walze bereits ein erheblicher Teil der mitgeführten Geschiebe- und Sinkstoffe wieder in die Hauptströmung gelangt.

Anhang.

Im Karlsruher Flußbaulaboratorium früher ausgeführte Modellversuche für bestimmte Hafenanlagen zur Auffindung von Mitteln zur Verhinderung der Verlandung.

A. Der Hafen von Constitucion in Chile.

(Nach Angaben im Bericht von Prof. Dr.-Ing. Th. Rehbock, 1932.)

1. Die Wasserbewegung in der Bucht „La Caleta" vor Erbauung der Hafenmolen.

An dem im Bau befindlichen Hafen der Stadt Constitucion an der pazifischen Küste von Südamerika traten starke Verlandungen infolge des sandführenden Küstenstroms auf, welche die Verwendung des Hafens in Frage stellten. Zur Klärung dieser Verhältnisse und zur Verhütung der Versandung des Hafens wurden am Flußbaulaboratorium eingehende Modellversuche durchgeführt.

Im Zusammenhang mit den in dieser Arbeit festgestellten Erscheinungen an der Wasserbewegung und an den Verlandungsvorgängen des schematischen Hafenmodells sollen die an dem der

Versuche zur Erzielung desselben Verlaufes der Oberflächenströmungen in der Bucht La Caleta, wie sie in der Natur vor Beginn des Molenbaues beobachtet wurden.

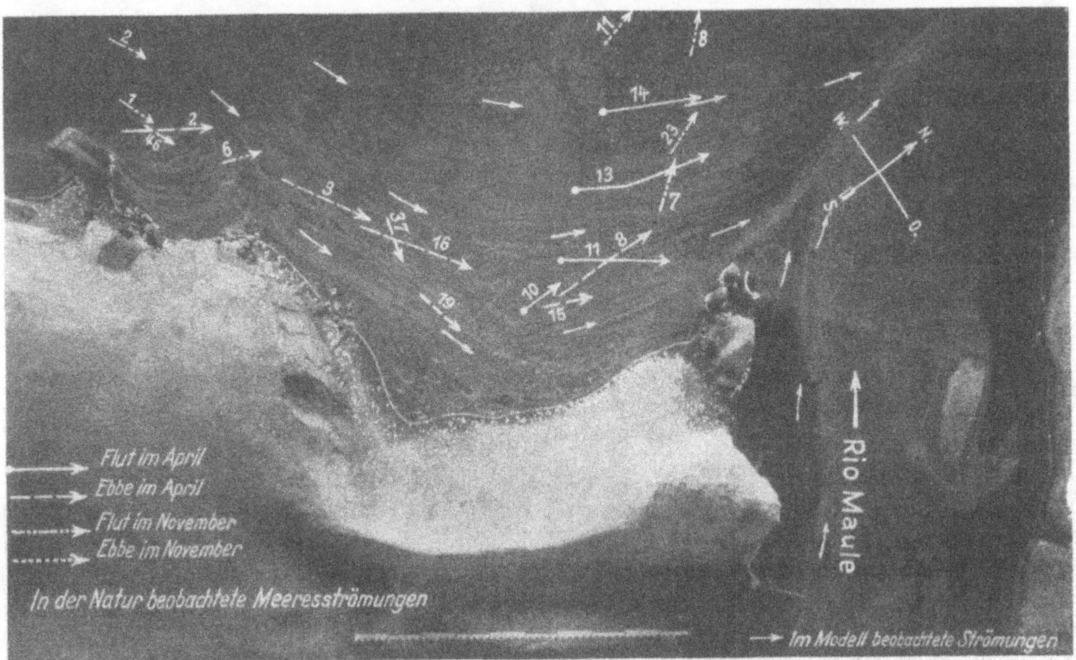

Abb. 28. Vergleich des Verlaufes der Oberflächenströmungen im Modell vor Beginn des Molenbaues mit denjenigen in der Natur. Die in der Natur beobachteten Strömungsrichtungen wurden auf den Maßstab der Modellaufnahme umgezeichnet.

Wirklichkeit nachgebildeten Modell beobachteten Verlandungserscheinungen und die Mittel zu deren Verhinderung erläutert werden. Erst nachdem auf Grund eingehender Vorversuche zur Erzeugung naturähnlicher Strömungen die Übereinstimmung in der Wasserbewegung zwischen Modell und Wirklichkeit hergestellt war, konnten die Versuche zur Klärung der Verlandungserscheinungen am endgültigen, fünffach überhöhten Vollmodell in den Maßstäben 1:1000 für die Längen und 1:200 für die Höhen vorgenommen werden.

Abb. 28 zeigt den im Modell beobachteten Verlauf der Oberflächenströmungen, der mit den in der Natur beobachteten Strömungsrichtungen vor Erbauung der Molen übereinstimmt. Die in der Natur beobachteten Strömungsrichtungen sind ebenfalls mit weißen Richtungspfeilen in der Aufnahme eingetragen. Es treten keine größeren Walzenbildungen in der Bucht „La Caleta" auf. Nur an der Felsenspitze Lobos der Felsengruppe Las Ventanas wird zwischen Küstenströmung und Flußströmung eine kleine linksdrehende Walze beobachtet.

Bei den am Vollmodell vorgenommenen Versuchen wurde, wo nichts anderes bemerkt ist, im Meer mittleres Niederwasser (0,64 m + C.O.C.), im Rio Maule ein Abfluß von 2500 m^3/s und Windstille angenommen. Eine dem Abfluß des Rio Maule modellrichtig entsprechende Wassermenge wurde bei den Versuchen dem Flußbett des Modells zugeleitet.

2. Die Einbauten in der Bucht „La Caleta".

Da die Verlandungsversuche beim zeitlich hintereinander erfolgenden Bau der beiden Molen ungünstigere Versuchsergebnisse ergaben als beim gleichzeitigen Vorbau beider Molen, werden nur die Modellanordnungen bei gleichzeitigem Vorbau beider Molen zur Feststellung der Wasserbewegungen und der Verlandungen im Hafen betrachtet. Die untersuchten Einbauten in der Bucht „La Caleta" gliedern sich in zwei Gruppen (s. a. Plan 6 u. 7, Anlage):

1. Modellanordnungen während des gleichzeitigen Vorbaues beider Molen:

a) Nordmole 120 m lang; Südmole 267 m lang,
b) „ 295 „ „ ; „ 461 „ „ ,
c) „ 540 „ „ ; „ 664 „ „ .

Die letzte Modellanordnung entspricht dem Bauzustand der Hafenmolen bei Fertigstellung des Versuchsberichts.

2. Untersuchte Ausbauformen des Hafens:

a) Nordmole 540 m lang; Südmole 864 m lang,
b) „ 540 „ „ ; „ 664 „ „ ,
Seebuhne 400 „ „ ;
c) Nordmole 540 „ „ ; „ 864 „ „ ,
Seebuhne 500 „ „ .

3. Die Wasserbewegung in der Bucht „La Caleta" nach Einbau der Hafenmolen.

a) Die Wasserbewegung an der Oberfläche und auf der Sohle bei steigendem Wasserspiegel im Hafen (Flut).

Vergleicht man Abb. 29 mit Abb. 28, so sieht man deutlich die grundlegenden Änderungen, die im Strömungsverlauf in der Bucht „La Caleta" durch den Vorbau der Molen hervorgerufen wurden. Plan 5 (Anlage) veranschaulicht in übersichtlicher Weise die auftretenden Walzenbildungen. Infolge der Ablenkung des Küstenstroms durch die Südmole von der Küste fort wird zwischen der, auch vor der Erbauung der Hafenmolen am Ventanasfelsen auftretenden, vom Rio Maule in Drehung versetzten, kleinen linksdrehenden Walze erster Ordnung, der „Ventanaswalze" *A*, und dem Hafenmund eine große rechtsdrehende Wasserwalze *B* erzeugt. Diese zwischen der Nordmole, dem Küstenstrom und der genannten Ventanaswalze gelegene Wasserwalze erhält ihren Drehimpuls sowohl vom Küstenstrom, für den sie eine Hauptwalze (erster Ordnung) ist,

Strömungsverlauf in der Bucht bei einer dem bestehenden Ausbau in der Natur entsprechenden Molenlänge bei Windstille.

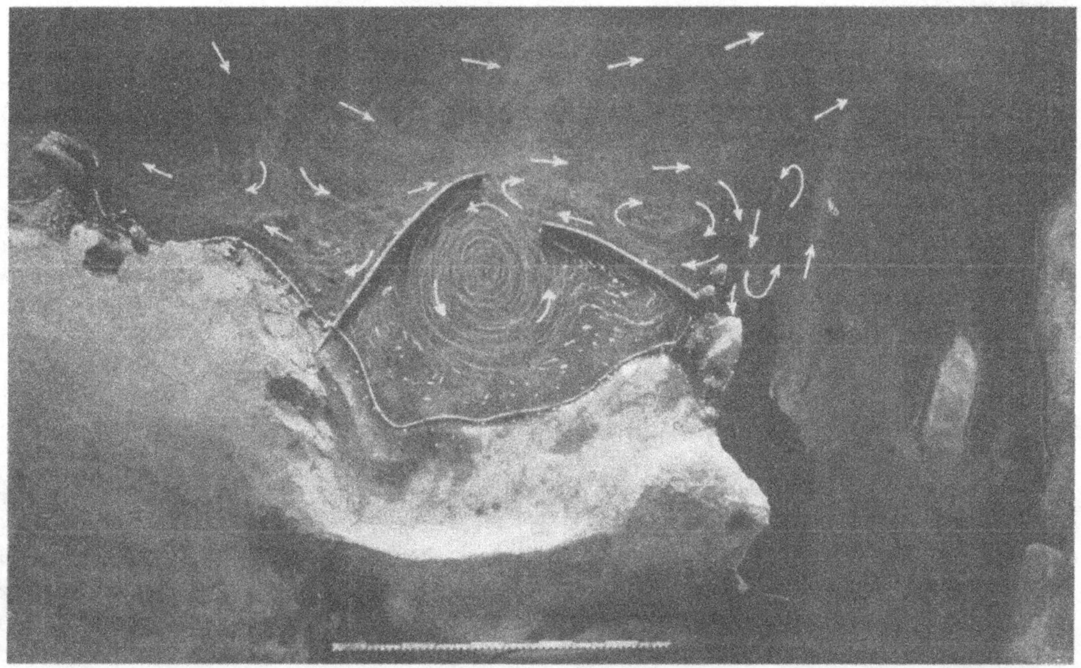

Abb. 29. Verlauf der Oberflächenströmungen. Im Hafen tritt eine linksdrehende Nebenwalze auf, die durch die rechtsdrehende Hauptwalze außerhalb der Nordmole erzeugt wird.

als auch vom Rio Maule durch Vermittlung der kleinen Ventanaswalze *A*. Für den Rio Maule ist die Rechtswalze *B* daher eine Nebenwalze zweiter Ordnung, was auch daraus hervorgeht, daß sie sich rechtsdrehend bewegt, obwohl sie auf der linken Seite des Flusses gelegen ist.

Die Rechtswalze *B* reicht mit ihrem südlichen Ende über den Hafenmund hinüber und übernimmt dabei die Funktion der bereits in den früheren Abschnitten eingehend beschriebenen Vorwalze (erster Ordnung) zwischen den beiden Einbauten am Hafenmund (vgl. S. 17 und 27). Hier erzeugt die Rechtswalze *B* die einen großen Teil des Hafenbeckens ausfüllende „Hafenwalze" *C*, die eine Linkswalze ist und an der Innenseite der Südmole entlang eine in den Hafen hineinführende, landeinwärts gerichtete Strömung hervorruft. Die Anordnung der Wasserwalzen und ihr Drehsinn zeigen demnach eine grundsätzliche Übereinstimmung mit den Beobachtungen an dem früher untersuchten schematischen Hafenmodell (s. Abb. 16 und 17). Infolge der anderen Gestaltung der Einbauten an jenem schematischen Hafenmodell erstreckt sich die von der Parallelströmung in Bewegung gesetzte Vorwalze noch teilweise in den Hafen hinein, was hier durch den geraden Verlauf der Nordmole ohne Abbiegung am Ende nach außen nicht möglich ist. Außerdem wurde dort die Aufwärtsströmung einer langgestreckten abwärts des Hafens liegenden Walze durch die Abbiegung des Einbaustückes abgefangen und in ihrer schädlichen Wirkung auf die Hafenverlandung ausgeschaltet (s. S. 78).

Der Verlauf der Sohlenströmungen wird am besten durch den Weg, den das Geschiebe bei den hier auftretenden Walzenbildungen in den Hafen hinein nimmt, festgelegt, zumal die Sohlenströmungen ausschließlich für die Sandbewegung in Betracht kommen. Dieser Weg, auf dem das Geschiebe aus dem Rio Maule in das Hafenbecken gelangen kann, führt zwischen den Walzen *A* und *B* hindurch und dann an der Nordmole entlang. Er ist auf Plan 5 (Anlage) durch eine Linie aus Punkten und Pfeilen angedeutet. In der Erkenntnis, daß durch dieses Walzensystem eine direkte Verbindung zwischen der Strömung des Rio Maule und dem Hafen hergestellt ist, hat man bei der Wahl der Modellanordnungen 2b und c) diese Verbindung durch Anordnung einer sog. Seebuhne unterbrochen (s. Plan 6, Anlage). Es kann daher bei diesen Anordnungen kein Geschiebe mehr vom Rio Maule durch das Walzensystem hindurch in den Hafen hineingeführt werden (s. Plan 7, Anlage). Der weitere Weg, den das vor den Hafeneingang geführte Geschiebe in den Hafen hineinnimmt, entspricht den am früheren schematischen Hafenmodell gemachten Beobachtungen. Denn auch dort überqueren die von der Vorwalze aus dem Hauptstrom aufgenommenen Geschiebeteilchen und die Sinkstoffe zwischen Vorwalze und Nebenwalze (Hafenwalze) den Hafenmund und wandern an dem stromaufwärts liegenden Hafenufer, hier an der Südmole entlang, weiter ins Innere des Hafens.

Durch den Einbau der Seebuhnen wird nicht verhindert, daß vom Küstenstrom mitgeführter Sand in die vor der Nordmole liegende Walze und von da in den Hafen hineingelangt. Die an den Versuchen am schematischen Hafenmodell beobachtete Tatsache wurde bestätigt, daß außerhalb der Walzenbildungen Oberflächen- und Sohlenströmungen gleichlaufend sind, in den Walzen dagegen zeigen die Oberflächenströmungen einen nach außen, die Sohlenströmungen aber einen nach der Mitte zu strebenden Richtungssinn.

b) Die Wasserbewegung bei stehendem und fallendem Wasserspiegel (Ebbe) im Hafen.

Die in Abb. 29 beobachtete und in Plan 5 (Anlage) dargestellte Wasserbewegung, bei welcher der an der Nordmole entlangführende Wasserstrom über den ganzen Hafenmund hinüberreicht und das Abfließen von Wasser aus dem Hafenbecken verhindert, kann mit Sicherheit nur bei steigenden Wasserspiegeln im Hafen, d. h. bei Flut auf dem Meere eintreten. Bei stehendem Wasserspiegel im Hafenbecken und besonders bei fallendem Wasserspiegel muß, wenn der den Hafenmund überquerende und an der Südmole entlang in den Hafen eintretende Sohlenstrom den Austritt von Wasser aus dem Hafenbecken in den unteren Wasserschichten verhindert, in den oberen Wasserschichten eine aus dem Hafen auslaufende Strömung auftreten, die zwar auf den Geschiebetransport keinen Einfluß ausübt, aber unbedingt vorhanden sein muß, wenn der Wasserspiegel im Hafen nicht ansteigen soll. In diesem Fall reicht die rechtsdrehende, der Nordmole vorgelagerte Walze an der Wasseroberfläche nicht bis an die Südmole heran. Es fließt hingegen in den oberen Wasserschichten am Kopf der Südmole vorbei ein Wasserstrom aus der Hafenwalze in das Meer hin ab. Bei Ebbe verstärkt sich naturgemäß dieser Wasserstrom nahe der Wasseroberfläche, da er nicht nur die an der Sohle eingeführte, sondern auch noch das aus dem Maß der Wasserspiegelsenkung sich ergebende Wasservolumen abzuführen hat.

4. Einfluß von Wind auf die Wasserbewegung in der Bucht „La Caleta".

Durch den Einfluß des Windes werden die Beobachtungen wesentlich erschwert. Trotzdem darf aber der erhebliche Einfluß des Windes auf die Entstehung, Lage und Form der leichtveränderlichen Wasserwalzen und damit auf die Geschiebebewegung und die Verlandung nicht unbeachtet gelassen werden. Den Untersuchungen wurde nur die vorherrschende Windrichtung aus dem Südwesten zugrunde gelegt. Das Modell im Bauzustand 1 c) wurde einem Wind von erheblicher Stärke ausgesetzt. Durch den starken Südwestwind werden alle Wasserwalzen außerhalb des Hafenbeckens an der Oberfläche des Meeres zum Verschwinden gebracht (vgl. Abb. 29 und 30). Der vom Süden kommende, durch die Südmole eingeengte Küstenstrom legt sich an seiner Oberfläche nach der Überquerung des Hafenmundes an die Nordmole an und führt am Ventanasfelsen vorbei unmittelbar zur Mündung des Rio Maule hin, wobei an der Wasseroberfläche keinerlei Gegenströmungen in Erscheinung treten. Nur im Hafen bleibt die große Hafenwalze bestehen, deren Mitte aber durch den starken Südwestwind in östlicher Richtung verschoben wird. Infolge des Verschwindens der Wasserwalze am Hafenmund wurde die Drehrichtung der Hafenwalze umgekehrt. Die Hafenwalze wurde zur Walze erster Ordnung mit rechtem Drehungssinn.

Ein Vergleich der Abb. 31 (Windstille) und Abb. 32 zeigt den Verlauf der Sohlenströmungen. Es fällt auf, daß die Sohlenströmungsrichtungen bei Windstille und bei Südwestwind sich nicht

Strömungsverlauf in der Bucht bei einer dem bestehenden Ausbau in der Natur entsprechenden Molenlänge bei Sturm aus Südwesten.

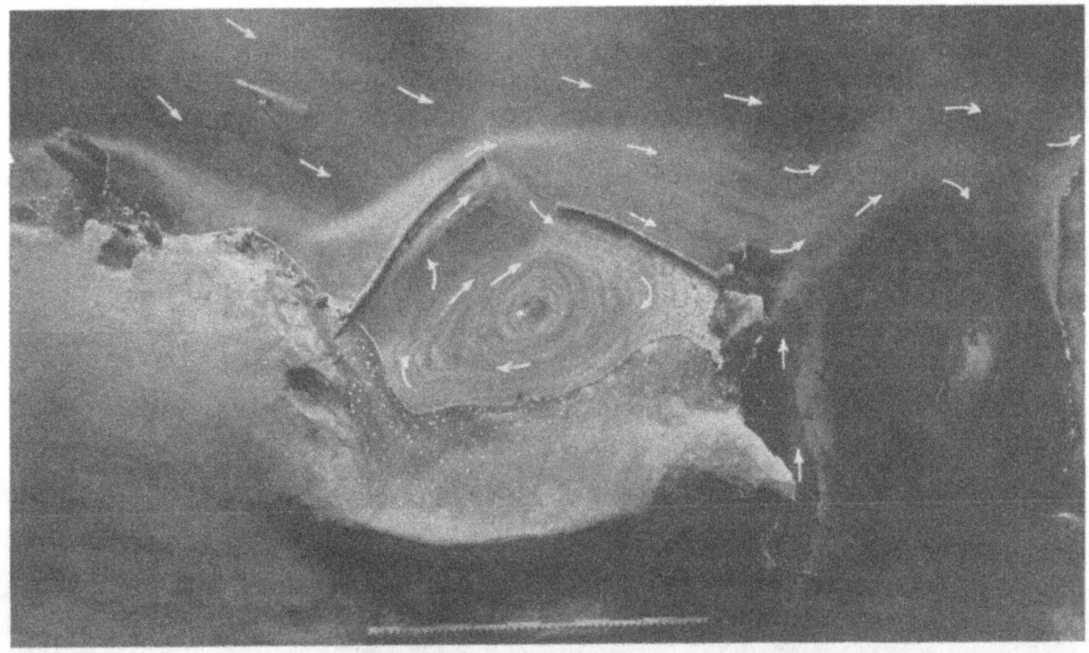

Abb. 30. Verlauf der Oberflächenströmungen. Im Hafenbecken tritt eine rechtsdrehende Hauptwalze auf. Nordmolenwalze und Ventanaswalze sind durch den Sturm verdrängt worden.

Strömungsverlauf in der Bucht bei einer dem bestehenden Ausbau in der Natur entsprechenden Molenlänge bei Windstille.

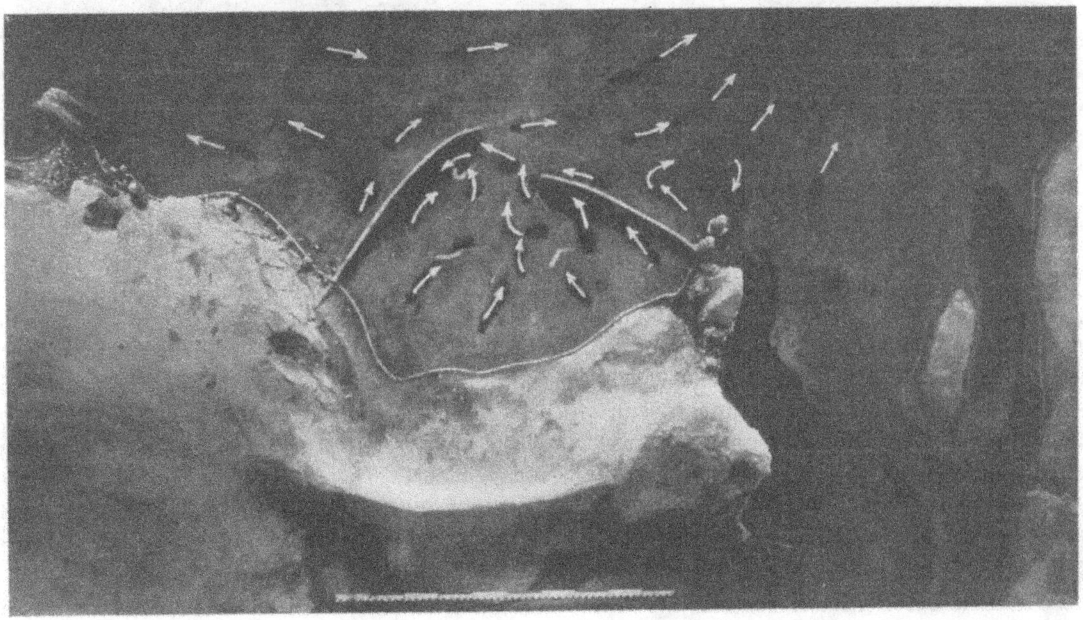

Abb. 31. Verlauf der Sohlenströmungen.

so grundlegend verändert haben als die Richtungen der Oberflächenströmungen. Im Gegensatz zu dem Oberflächenströmungsbild bei Südwestwind, bei dem überhaupt kein Wasser mehr in das Hafenbecken eindringen kann, ist dies bei den in Abb. 32 dargestellten Sohlenströmungen in vermehrtem Maße der Fall. In den tieferen Wasserlagen hat sich seewärts von der Nordmole ein Teil der der Nordmole vorgelagerten großen Walze *B* erhalten. Hierdurch wird entlang dieser Mole eine Gegenströmung erzeugt, die vom linken Ufer des Rio Maule hart an dem Ventanasfelsen entlang Wasser unmittelbar in den Hafenmund hineinführt. Dabei kann Geschiebe aus dem Rio Maule sogar auf kürzerem Wege als bei Windstille in den Hafen gelangen.

Wie bei den Beobachtungen am schematischen Hafenmodell unter der Einwirkung des Windes wird auch hier das Wasser in zwei sich in entgegengesetzter Richtung bewegende Schichten geteilt, und in der unteren Wasserschicht konnten sich noch Reste einer größeren Wasserwalze erhalten.

Strömungsverlauf in der Bucht bei einer dem bestehenden Ausbau in der Natur entsprechenden Molenlänge bei Sturm aus Südwesten.

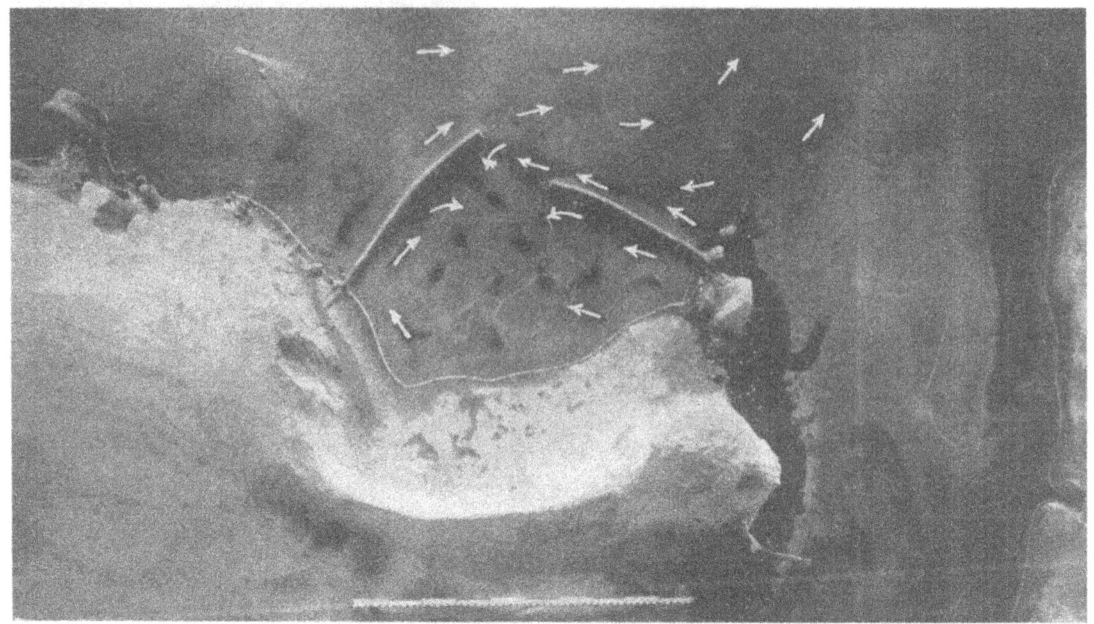

Abb. 32. Verlauf der Sohlenströmungen.

5. Das Ergebnis der Verlandungsversuche.

Zur Beurteilung der Herkunft der Auflandung im Hafenbecken muß man unterscheiden zwischen den Vorgängen vor der Erbauung der Hafenmolen und den Vorgängen während und nach ihrer Erbauung. Vor der Erbauung der Molen wurden zweifellos die gesamten Ablagerungen im Hafengebiet durch die von Süden nach Norden gerichtete Küstenströmung im Stillen Ozean südlich des Rio Maule herangeführt. Denn vor dem Bestehen des Hafens sind wohl niemals nach Süden gerichtete Sohlenströmungen entlang der Küste aufgetreten. Diese Verhältnisse haben sich durch die Erbauung der Hafenmolen grundlegend geändert. Die Untersuchungen der Meeresströmungen bei Windstille und sogar bei südwestlichen Winden haben ergeben, daß Strömungen aus dem Rio Maule hinaus in das Hafengebiet bestehen und dadurch die Möglichkeit des Transportes von Sand aus dem Rio Maule in das Hafenbecken gegeben ist.

Da die der Nordmole vorgelagerte Walze *B* (Plan 5, Anlage) noch erheblichen Zufluß durch die Küstenströmung erhält, kann daher von dieser Strömung mitgeführtes Geschiebe durch diese

Wasserwalze ebenfalls in das Hafenbecken gelangen. Es ist von grundlegender Wichtigkeit, festzustellen, ob der im Hafen abgelagerte Sand nur vom Küstenstrom stammt oder auch vom Rio Maule her zugeführt wird. Die bei Windstille und die bei südwestlichen Winden durchgeführten Versuche mit Hafenmolen haben zweifelsfrei Ablagerungen sowohl aus dem Rio Maule als auch aus der Küstenströmung herrührend ergeben. Zunächst war es erforderlich, festzustellen, wie sich die Verlandung während des Baues der Hafenmolen bis zum Bauzustand 1c) vollzogen hat.

Die hierzu mit Holzschliff vorgenommenen Verlandungsversuche haben ergeben, daß die Verlandung des Hafenbeckens am Anfang des Molenbaues größer war als nach Beendigung des Ausbaues der Molen in der unter 1c) angegebenen Form.

Die Untersuchung erstreckte sich weiterhin darauf, ob beim Weiterausbau der Hafenmolen die Verlandung im Hafenbecken noch weiter verringert werden kann. Zu diesem Zweck wurden noch Modellversuche an den unter 2) angegebenen Ausbauformen vorgenommen. Auf Plan 7 (Anlage) sind die Versuchsergebnisse, bezogen auf die Hafenform 1c), sowohl bei Windstille als auch bei Südwestwind angegeben. Auf Grund der Versuchsergebnisse sind die Erwartungen, daß bei Änderung der Molen eine Veränderung der Wasserbewegung eintreten würde, im wesentlichen eingetroffen. Es ist besonders zu beachten, daß die Verlandungen, die vom Rio Maule herrühren, beim Fehlen einer Seebuhne bei Südwestwind eine ganz erhebliche Größe gegenüber den übrigen Vergleichszahlen erreichen. Bei Anordnung einer genügend langen Seebuhne verschwindet der Einfluß des Rio Maule auf die Verlandung des Hafens dagegen vollständig.

Eine Verlängerung der Südmole bringt in allen Fällen eine Verminderung der Ablagerung vom Küstenstrom her. Denn das vom Küstenstrom mitgeführte Geschiebe wird durch den Kopf der Südmole stärker vom Hafenmund abgelenkt und dann von der Küstenströmung abgeleitet. Bei der Hafenausbauform 2c) (Plan 6, Anlage) mit einer Länge der Südmole von 864 m, der Nordmole von 540 m und der Seebuhne von 500 m wurden die beiden angegebenen Möglichkeiten, das Geschiebe vom Eintritt in das Hafenbecken fernzuhalten, berücksichtigt.

Da die Verlandung aus dem Rio Maule ganz beseitigt und auch die Verlandung aus dem Küstenstrom stark eingeschränkt wird, stellt diese Hafenausbauform die beste gefundene Lösung dar.

B. Der Vulcaanhafen von Vlaardingen-Rotterdam (Holland).

(Nach Angaben aus dem Bericht von Prof. Dr.-Ing. Th. Rehbock, 1928.)

1. Die Wasserbewegung am Modell der ursprünglichen Hafenform.

Am Vulcaanhafen wurden in ähnlicher Weise wie am Seehafen von Constitucion Modellversuche zur Klärung der Verlandungserscheinungen durch Schlickfall und zur Auffindung von Mitteln zu deren Verhinderung im Karlsruher Flußbaulaboratorium durchgeführt. Bei dem in der Nähe der Mündung der Maas gelegenen Flußhafen traten bei der Untersuchung des vorhandenen Schlickfalls besondere Schwierigkeiten auf, weil der Hafen noch im Ästuarium unter dem Einfluß der Gezeiten steht.

Die Kenntnis des Verlaufs der Wasserbewegung im Fluß, im Hafen und besonders am Hafenmund bei den häufig vorkommenden Wasserführungen und Strömungsrichtungen bildete die Grundlage für die Beurteilung der durch sie hervorgerufenen Verlandungserscheinungen im Hafen.

Die am schematischen Hafenmodell vorgenommenen Versuche haben gezeigt, daß in einer Wasserwalze an der Oberfläche aufgebrachte Schwimmer die ausgesprochene Tendenz erkennen lassen, von der Mitte der Walze aus allmählich an den Umfang zu gelangen, die Sohlenströmungen in der Walze zeigen dagegen eine ausgesprochene Richtungstendenz nach der Walzenmitte hin.

Der von Schmucker[1]) in Abb. 15 und 17 seiner Abhandlung angegebene Verlauf der Strö-

[1]) Eduard Gg. Schmucker: „Beitrag zur Erfassung der Verlandungseinflüsse in Häfen des Ästuariums, abgeleitet aus Versuchen und Untersuchungen am Nieuwen Waterweg von Rotterdam nach See.“

Die Strömung an der Oberfläche in der bestehenden Einfahrt zum Vulcaanhafen (Flut).

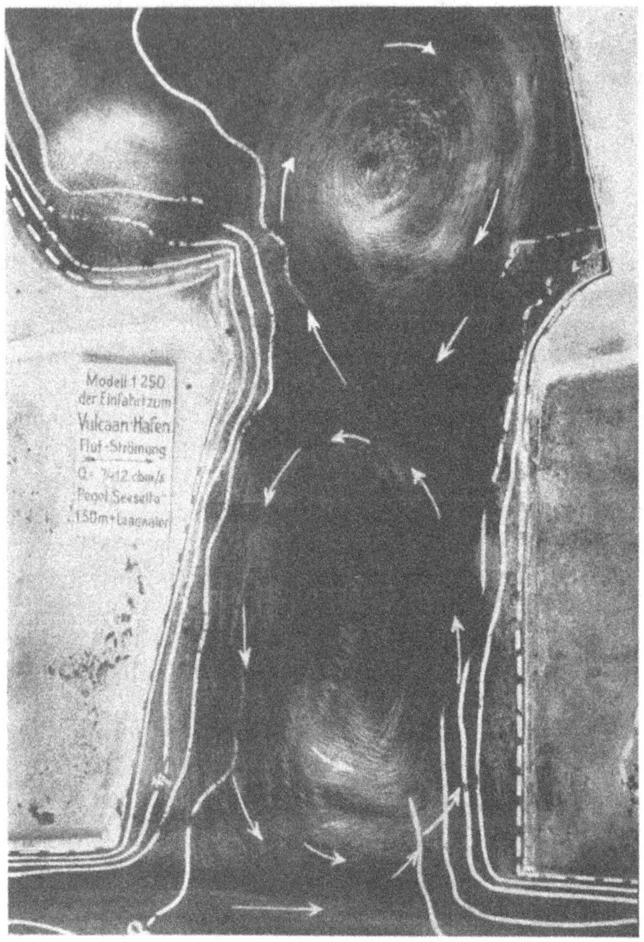

Abb. 33. Wasserführung in der Maas $Q = 7412$ m³/s.

mungen in der zwischen der Hafeneinfahrt liegenden Wasserwalze läßt nicht mit eindeutiger Klarheit die innere Struktur dieser Bewegungsvorgänge erkennen.

In Wasserwalzen höherer Ordnung treten niemals größere Geschwindigkeiten auf als in den ihnen den Drehimpuls liefernden Wasserwalzen niederer Ordnung[2]) (s. S. 20). Es ist daher unrichtig, wenn Schmucker auf S. 53 seiner Abhandlung angibt: „Die Drehgeschwindigkeit der Walze I ist in diesem Falle am kleinsten, da sie ja energieverlierend noch vier andere anzutreiben hat."

Die Aufnahmen, die an dem Modell im ursprünglichen Zustand während der Versuche im Karlsruher Flußbaulaboratorium aufgenommen wurden, zeigen sowohl bei Flut als auch bei Ebbe im Hafen eine große Walze erster Ordnung, in die eine Einströmung an der strömungsabwärtsliegenden Uferecke stattfindet (Abb. 33). Die von Schmucker (S. 63 seiner Abhandlung) gemachte Angabe, daß bei Ebbe das Vorhandensein von Walzen höherer Ordnung im Hafen allein die Verlandung desselben begünstigt, darf nicht schlechthin als Tatsache betrachtet werden. So wurde z. B. am schematischen Hafenmodell bei Anordnung II mehr Sinkstoff abgelagert als bei Anordnung I, bei der doch noch eine größere Walze dritter Ordnung im Hafenbecken vorhanden war (vgl. Abb. 23 Kurve 2 und 3 und Abb. 5). Bei dem stark labilen Zustand der Wasserwalzen und bei den veränderlichen Wasserführungen der Flüsse wird es wohl kaum möglich sein, im Hafen die für die Verlandung günstigste Wasserbewegungsform dauernd zu erzielen, zumal wenn noch durch starken Schiffsverkehr diese häufig gestört wird.

2. Die abgeänderten Hafenformen.

In der Erkenntnis, daß der Verlandung durch zweckmäßige Einbauten am Hafenmund wirksam entgegengewirkt werden kann, wurde auch hier auf Grund der Modellversuche die Hafeneinfahrt abgeändert. Plan 8 (Anlage) gibt eine Darstellung sowohl der ursprünglichen als auch von zwei auf Grund von Modellversuchen abgeänderten Hafenformen. Als besondere Eigentümlichkeit des Vulcaanhafens muß hervorgehoben werden, daß die Hafeneinfahrt im Vergleich zu dem dahinterliegenden Hafenbecken schmal und kurz ist. Diese Verengung des Verbindungsstückes zwischen dem eigentlichen Hafenbecken und der Maas genügte allein aber nicht, den besonders bei Flut stark auftretenden Schlickfall im Hafen entgegenzuwirken. Der Unterschied der ab-

[2]) Rehbock: „Die Wasserwalzen als Regler des Energiehaushaltes der Wasserläufe."

geänderten Hafenausbauformen gegenüber dem ursprünglichen Zustand besteht zunächst in einer Verbreiterung und Begradigung der Hafeneinfahrt auf 220 m Breite. Diese Breite wird am Hafeneingang durch abgeböschte Molen zwischen den Molenköpfen auf 126,5 m bei der ersten und auf 120,0 m bei der zweiten Ausbauform vermindert. Der Unterschied zwischen den beiden Ausbauformen besteht im folgenden:

Bei der ersten Ausbauform ist die Spitze des Böschungskegels, der den Molenkopf bildet, auf der Stromseite bündig mit der Molenböschung und springt auf der Hafenseite vor die Flucht der Mole vor. Bei der zweiten Ausbauform ist das nur teilweise der Fall beim Kopf der östlichen, maasaufwärts gelegenen Mole, während bei der westlichen, seeseitigen Mole, umgekehrt der Böschungskegel auf der Stromseite vorspringt und auf der Hafenseite bündig an die Molenböschung anschließt. Dadurch wird bei Flutstrom im Gegensatz zur Anordnung nach dem ersten Entwurf eine Ablenkung der Ablösungstangente an der Ablösungskante nach der Stromseite hin erreicht. Die Wirkung zeigt sich in einer wesentlichen Verminderung der Verschlickung bei Flut gegenüber den ursprünglich bestehenden Verhältnissen. Da sich an sämtlichen Modellanordnungen bei den Versuchen gezeigt hat, daß bei Flutstrom die weitaus größten Ablagerungen im Hafen auftreten, stellt die zuletzt beschriebene Modellanordnung (zweite Ausbauform) die günstigste Lösung zur Verminderung der Auflandungen im Hafen dar.

3. Die Wasserbewegung am Modell der abgeänderten Hafenformen.

Die Aufnahme (Abb. 34) der Wasserbewegung an der Oberfläche bei Flutstrom für die untersuchte Hafenausbauform zeigt übereinstimmend mit Abb. 33 in dem Verbindungsstück zwischen Maas und dem eigentlichen Hafenbecken eine große, linksdrehende Hauptwalze. Durch die Einbauten wird die Einströmung am Hafenmund gegenüber dem ursprünglichen Zustand stark behindert.

Bei Ebbe beobachtet man die Teilung der bei Flut vorhandenen großen Wasserwalzen in zwei hintereinander liegende Walzen, während bei der ursprünglichen Ausbildung auch bei Flut nur eine große, rechtsdrehende Walze beobachtet wurde.

4. Ergebnis der Verlandungsversuche.

Folgende Zusammenstellungen zeigen, daß die Verschlickung bei Flut diejenige bei Ebbe um ein Vielfaches übertrifft.

Größe des Schlickfalls (Trockengewicht) im Vulcaanhafen:

Zahlentafel 9.

Versuche	bei Flut			bei Ebbe			
Modellabfluß	4,5	6,0	7,5	4,5	6,0	7,5	l/s
Ursprüngliche Hafenform .	60	227	420	0	8	23	g
Ausbauform I	155	214	451	1	1	38	g
Ausbauform II	46	148	206	4	5	17	g

Der Schlickfall des Vulcaanhafens bei Flut beträgt im Mittel das *n*fache des Schlickfalles bei Ebbe.

Zahlentafel 10.

Hafenform	Größe der Zahl *n*
Bestehende Hafenform . .	35,6
Ausbauform I	126,9
Ausbauform II	17,7

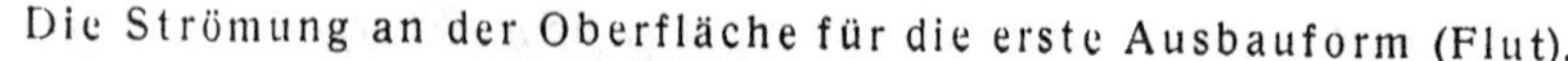

Die Strömung an der Oberfläche für die erste Ausbauform (Flut).

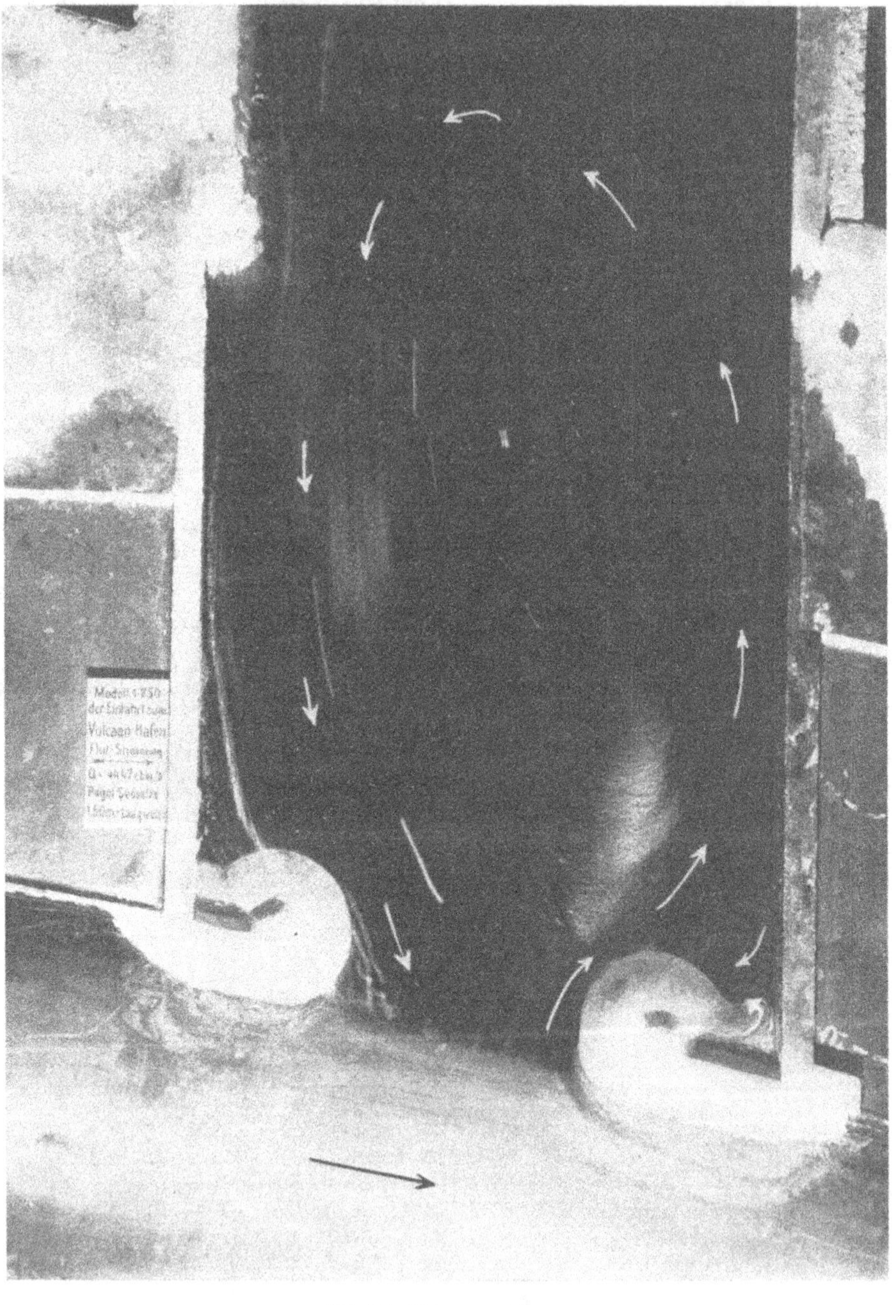

Abb. 34. Siehe auch Plan 8.

Außerdem wächst der Schlickfall mit zunehmender Wasserführung der Maas. Eine geringe Vermehrung der Verschlickung bei Ebbestrom und bei kleinen Abflußmengen erklärt sich wohl daraus, daß hier die Richtung der Ablösungskante nicht geändert worden ist. Der Kopf der seeseitigen (flußabwärts gelegenen) Mole springt aber etwas mehr gegen den Strom vor und wird deshalb von der Trennungsfläche etwas mehr nach innen zu getroffen. Die Ergebnisse bei Flutstrom am Modell der zweiten Ausbauform sind so günstig, daß sie bei der überwiegenden Bedeutung der Flutverschlickung die Grundlage für die Beurteilung der gegen die Verschlickung des Vulcaanhafens zu treffenden Maßnahmen abgegeben haben.

5. Einfluß wechselnder Tideströmungen.

Besondere Beachtung verdient noch der Einfluß wechselnder Tideströmungen. Ähnlich wie bei den schematischen Versuchen wurde auch hier festgestellt, daß die Geschwindigkeiten in den Wasserwalzen erster Ordnung, die sich im Hafenbecken bilden und in deren Bereich die Verschlickung entsteht, so klein sind, daß bereits auf dem hafeneinwärts gerichteten Lauf der Ringströmung der gesamte Schlick absinkt. Diese Tatsache berechtigte zu der Annahme, daß die nach außen gerichtete Strömung der Walze nicht in der Lage sein werde, den bei der vorangehenden Tidebewegung (umgekehrter Drehsinn der Walze) abgelagerten Schlick wieder aufzuwirbeln und nach dem Strom abzuführen.

Hintereinander bei Ebbe und Flut ausgeführte Doppelversuche bestätigten in allen Fällen diese Annahme. Im Vulcaanhafen blieb sogar etwas mehr Schlick beim Doppelversuch liegen als bei den entsprechenden Einzelversuchen. Es konnte daher am Modellversuch nicht nachgewiesen werden, daß die bei einer Tidebewegung in dem Hafen abgelagerte Schlickmenge zum Teil von der folgenden, entgegengesetzt gerichteten Tidebewegung wieder beseitigt wird. Im Strombett dagegen war eine solche Wechselwirkung auch im Modell zu beobachten.

6. Einfluß des Windes auf die Wasserbewegung und die Verlandung des Hafens.

Die Versuche mit Wind haben vollständige Übereinstimmung mit den bisher über die Wirkung des Windes auf die Strömung und die Verlandung gemachten Angaben ergeben. Vom Strom auf den Hafen zu gerichtete südliche Winde drücken schlickfreies Oberflächenwasser in den Hafen hinein, an der Sohle entsteht eine aus dem Hafen nach dem Fluß hinauslaufende Grundströmung, die das Eindringen schlickreichen Sohlenwassers aus dem Fluß verhindert und zu einer erheblichen Verminderung der Schlickverlandung führt unter der Voraussetzung, daß der Wind genügend stark und genügend lang weht. Vom Hafen gegen den Strom wehende, nördliche Winde rufen eine umgekehrte Strömung hervor und vermehren dadurch den Schlickfall. Unter der Wirkung des Windes ist die Verlandung in geringerem Maß von der Gezeitenbewegung abhängig.

Anlagen.

Grundriß des Modells in der Versuchsrinne.

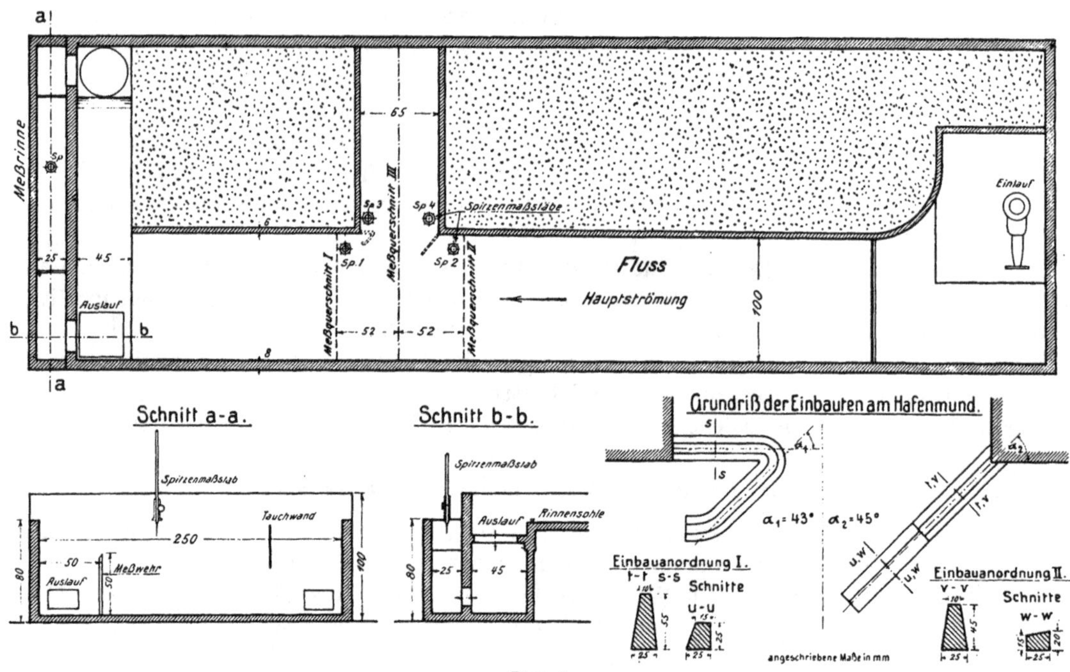

Plan 1.

Sohlengeschwindigkeiten im Hafen
ohne Einbauten am Hafeneingang.

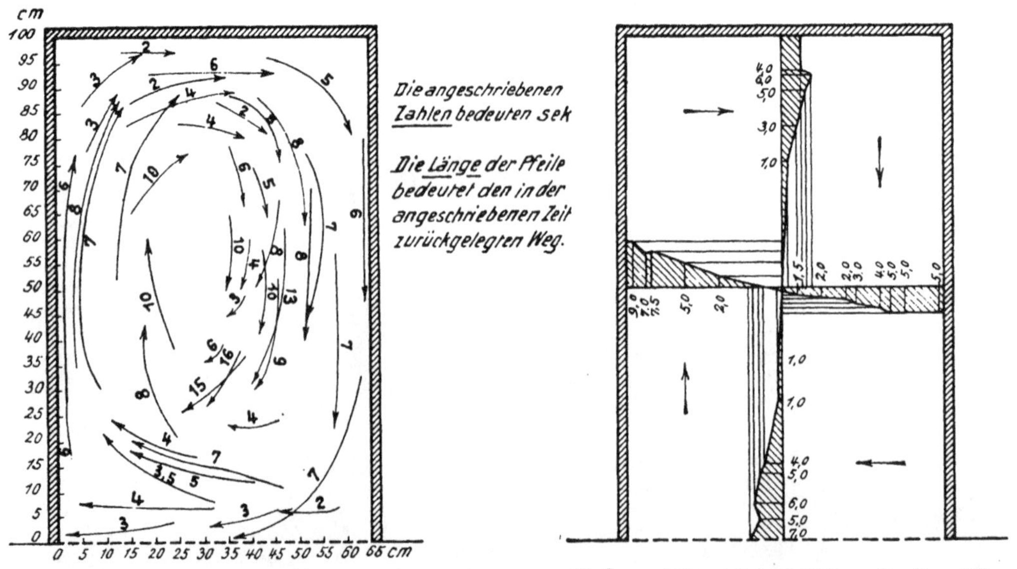

Abfluß in der Rinne: $Q = 10$ l/s. Wassertiefe: 5 cm.

Plan 3.

Oberflächen
ohne
65 cm
140cm
120 cm
100 cm
80 cm
Abfluß
Abfluß

…eiten im Hafen
…eneingang.

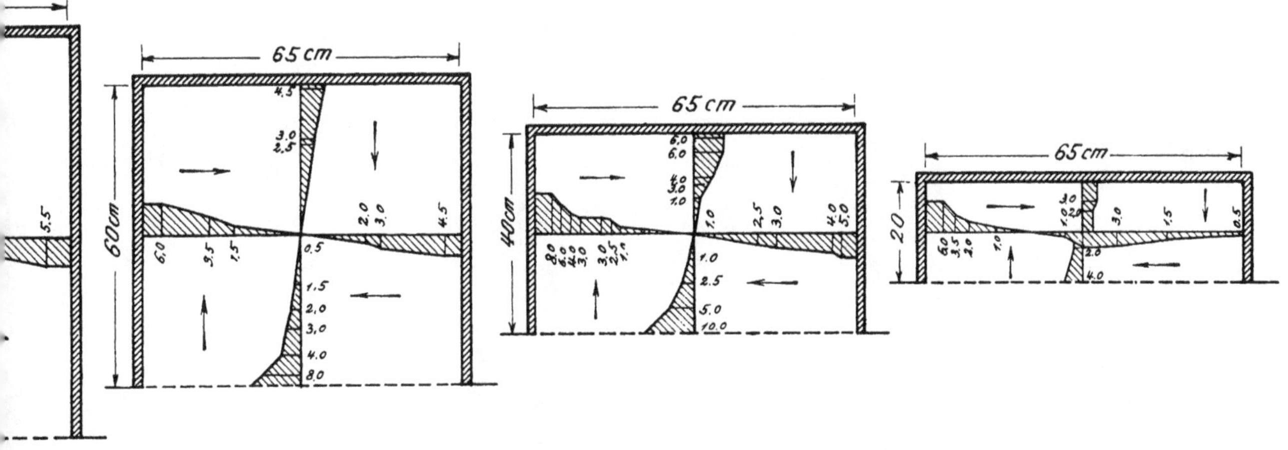

…Q = 10 ℓ/sek Wassertiefe: 5cm

Die an den Geschwindigkeitsdiagrammen angeschriebenen Zahlen bedeuten cm/sek
1 mm = 1 cm/sek

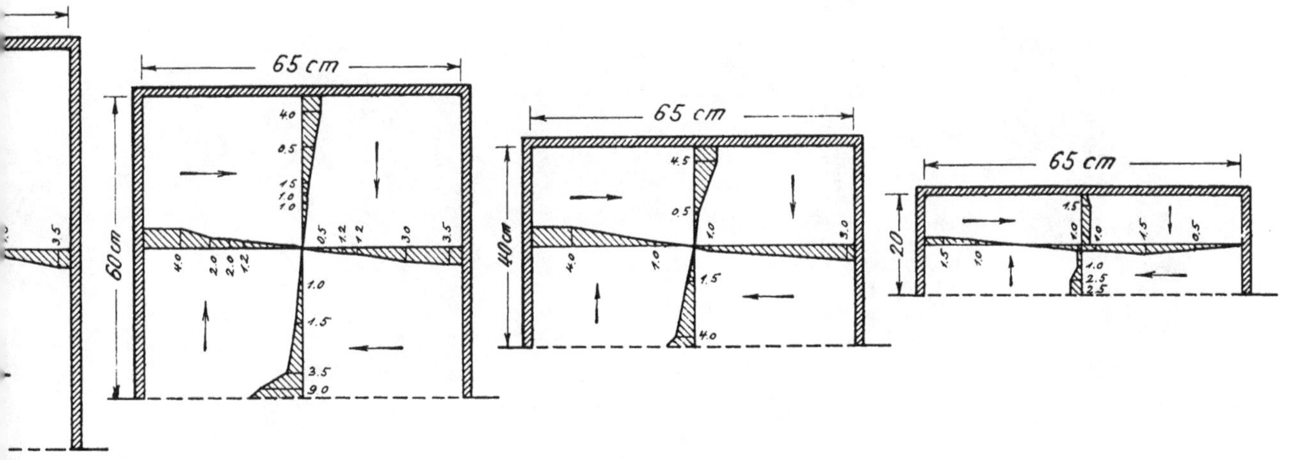

…: Q = 6 ℓ/sek Wassertiefe: 5cm

Oberflächengeschwindigkeiten im Hafen mit Einbauten.

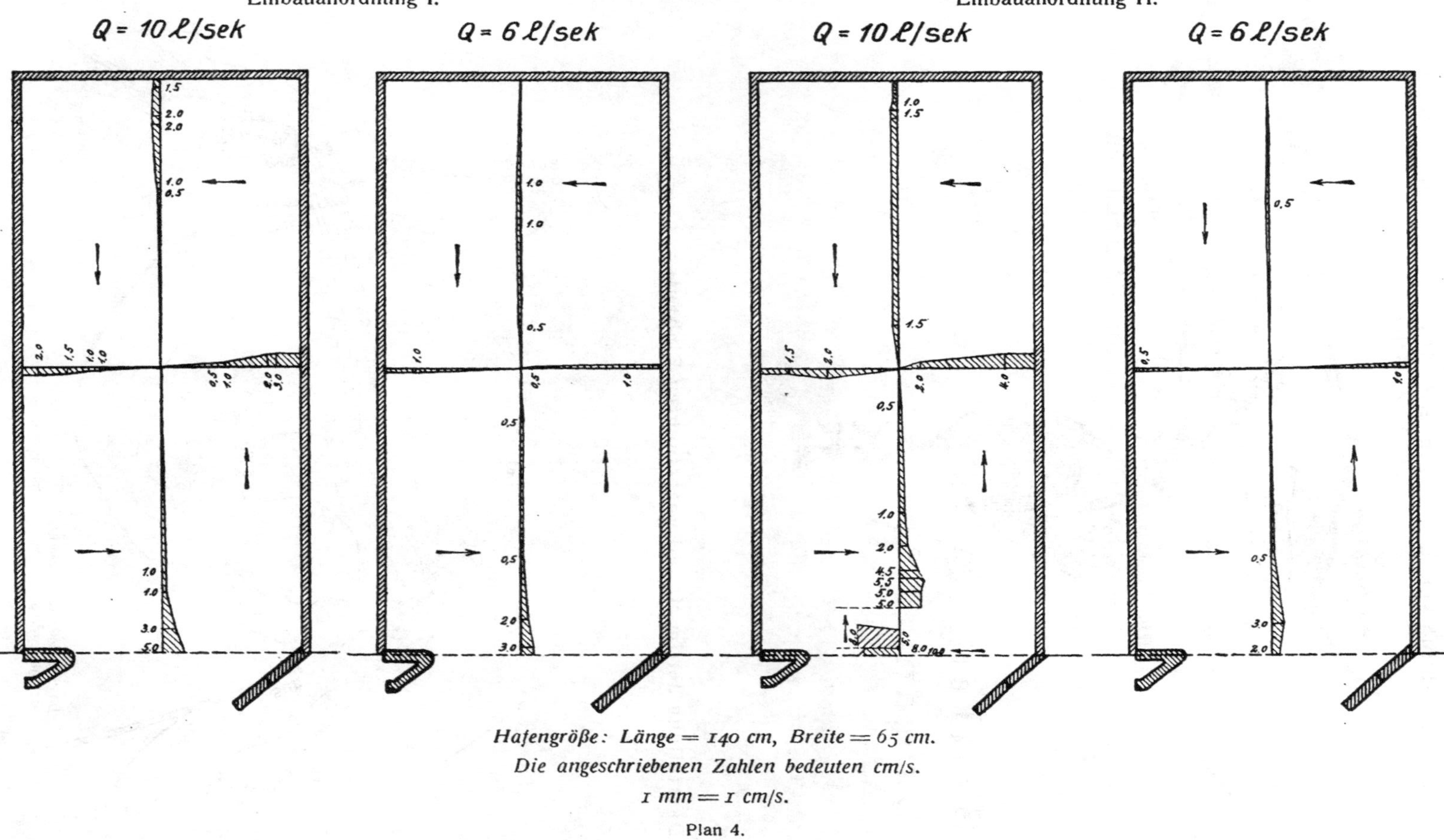

Hafengröße: Länge = 140 cm, Breite = 65 cm.
Die angeschriebenen Zahlen bedeuten cm/s.
1 mm = 1 cm/s.

Plan 4.

Schematische Darstellung der Wasserbewegung in der Bucht La Caleta nach Erbauung der Molen beim Abfluß von 2500 m³/s im Rio Maule bei niederem Meereswasserspiegel und Windstille.

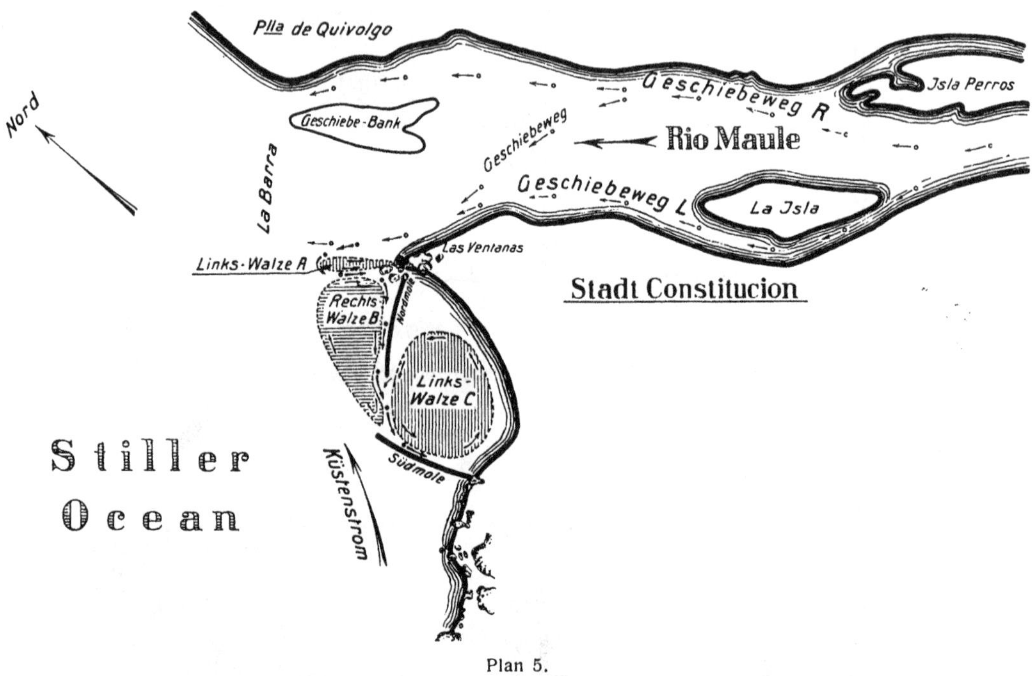

Plan 5.

Darstellung der im Modell untersuchten Einbauten.

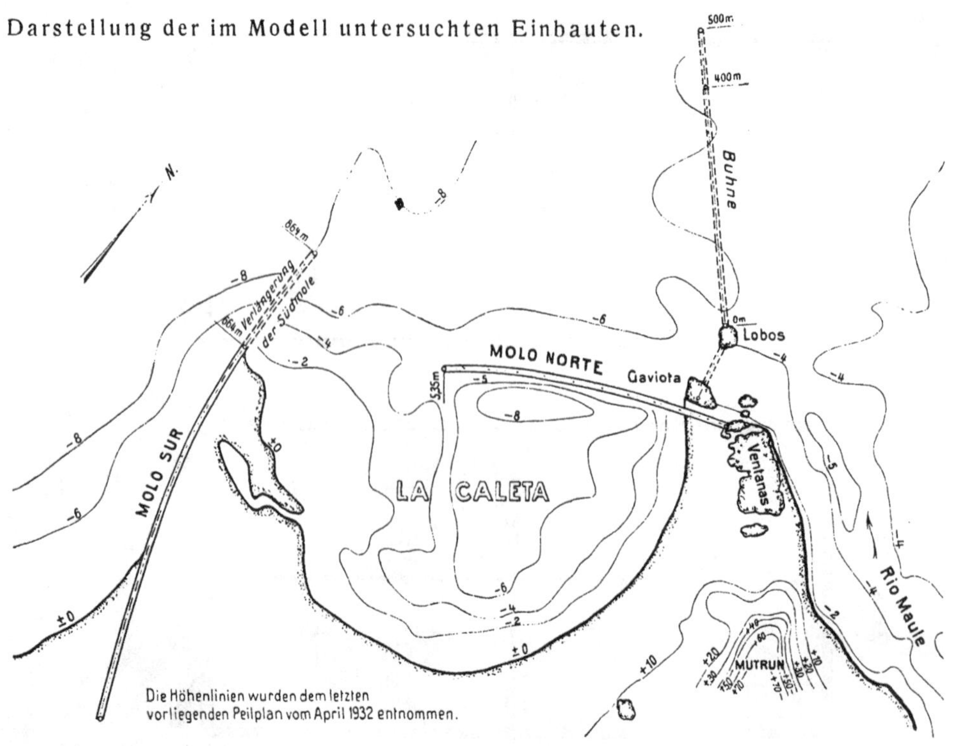

Plan 6.

Verhältniszahlen für die Größen der Verlandungen im Hafen Constitucion bei verschiedenen Hafenformen.

Ausbauform des Hafens	A Verlandungen vom Küstenstrom herrührend			B Verlandungen vom Rio Maule herrührend		
	Einheit 100 = Grösse der Verlandung vom Küstenstrom her beim jetzigen Ausbau des Hafens (Hafenform I) in der Einheitszeit bei Windstille.			Einheit 100 = Grösse der Verlandung vom Rio Maule her beim jetzigen Ausbau des Hafens (Hafenform I) in der Einheitszeit bei Windstille.		
	Bei Windstille A_1	Bei Südwestwind A_2	$\frac{A_2}{A_1}$	Bei Windstille B_1	Bei Südwestwind B_2	$\frac{B_2}{B_1}$
1. Hafenform I Bestehende Form Südmole 664 m Nordmole 540 m 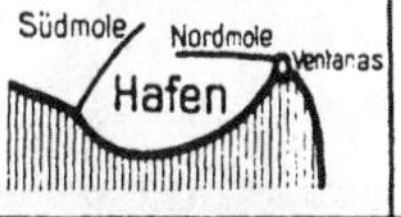 Südmole, Nordmole, Ventanas, Hafen	100 (100%)	130 (100%)	1.30	100 (100%)	413 (100%)	4,13
2. Hafenform II Südmole verlängert auf 864 m Nordmole 540 m 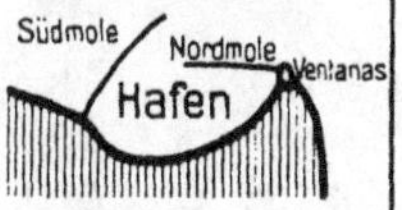 Südmole, Nordmole, Ventanas, Hafen	32 (32%)	57 (44%)	1,78	95 (95%)	586 (142%)	6,17
3. Hafenform III Bestehende Form mit Buhne Südmole 664 m Nordmole 540 m Seebuhne 400 m 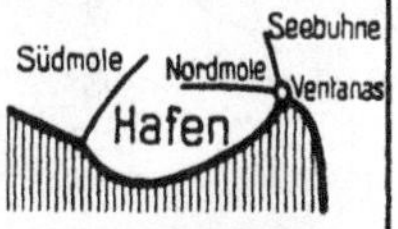 Seebuhne, Südmole, Nordmole, Ventanas, Hafen	75 75%	162 125%	2,16	0 —	0 —	—
4. Hafenform IV Südmole u. Buhne verlängert Südmole 864 m Nordmole 540 m Seebuhne 500 m 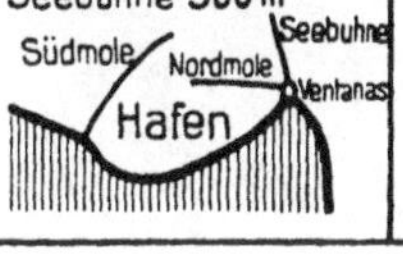 Seebuhne, Südmole, Nordmole, Ventanas, Hafen	36 36%	60 46%	1,67	0 —	0 —	—

Plan 7.

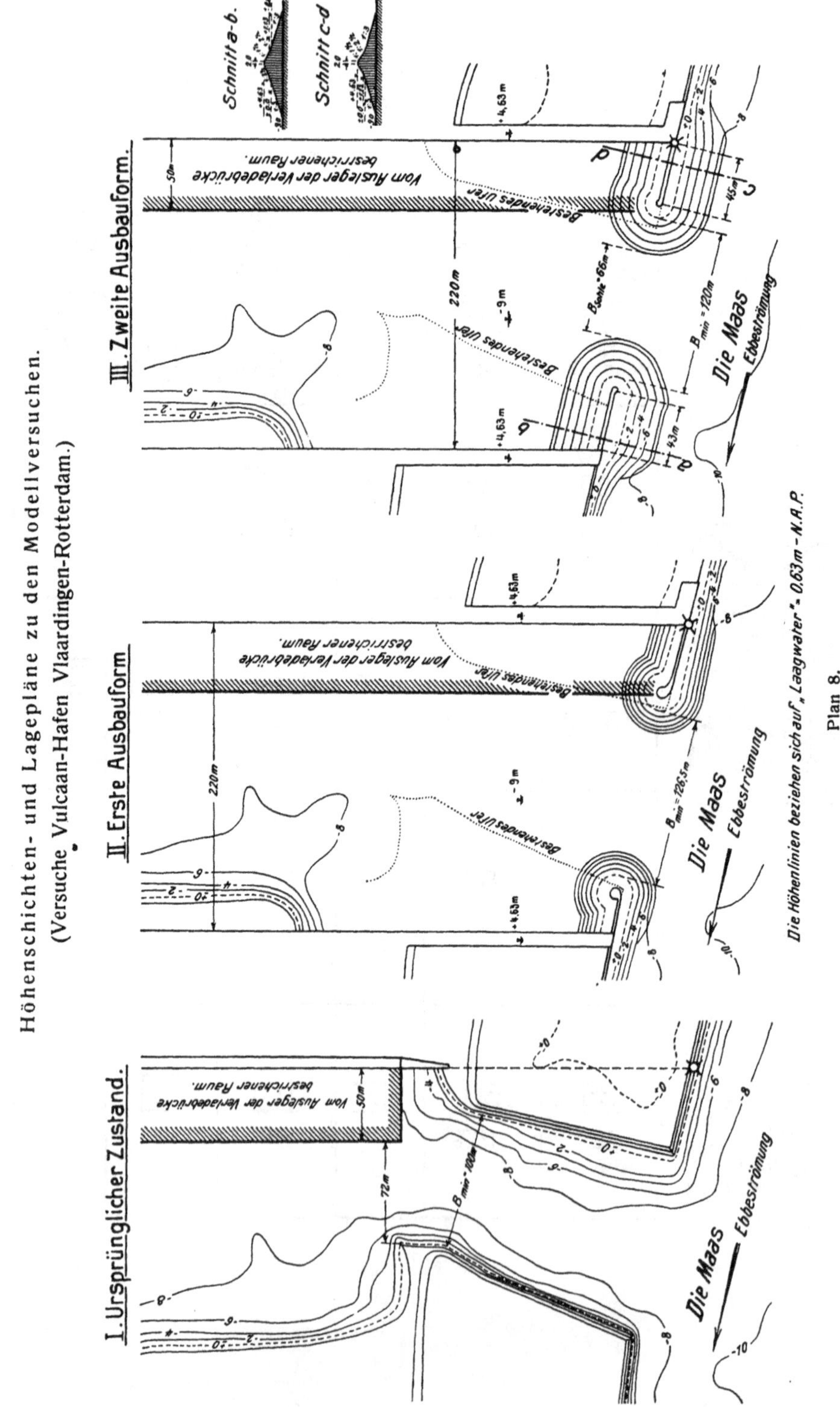

Berichtigung. Seite 39, 9. Zeile von unten muß es heißen Seite 28 statt Seite 78.

www.ingramcontent.com/pod-product-compliance
Lightning Source LLC
Chambersburg PA
CBHW081429190326
41458CB00020B/6142

* 9 7 8 3 4 8 6 7 6 6 8 7 5 *